LA DEFINICIÓN ECONÓMICA DE MINERAL

Leyes de corte en la teoría y en la práctica

LA DEFINICIÓN ECONÓMICA DE MINERAL

Leyes de corte en la teoría y en la práctica

De

Kenneth F. Lane

COMET Strategy Pty Ltd

Brisbane, Australia

COMET Strategy Pty Ltd

Suite 16, Sea Air, 141 Shore Street West, Cleveland

Queensland, Australia 4163

Primera publicación en inglés 1988; Reimpreso con correcciones menores e 1991.

Reimpreso con actualizaciones y mejoras en 1997.

Reimpreso con revisiones menores en 2015,

Primera publicación en español en 2016.

Queremos agradecer al Dr. John Bensley, a Richard Wooller y a Chris King (gráfica), quienes digitalizaron la edición anterior, manteniendo la integridad de la versión original en la medida de lo posible y realizando los cambios pedidos por el autor. Especialmente queremos reconocer al ingeniero Orlando Leiva por su valiosa contribución en la revisión de la traducción de este libro al español.

ISBN 978-0-9941852-5-9

Contenidos

Agradecimientos

Fueron muchos los colegas de la industria minera, en particular dentro de Río Tinto, los que fueron parte del trabajo que se describe en este libro. Considero pertinente mencionar especialmente a Mike Blackwell, el ingeniero que tomó las ideas germinales y logró hacerlas madurar en su primera aplicación importante en Bougainville y, además, a Allen Sykes, quien nos ayudó a recorrer el buen camino de la economía.

He colaborado con RTZ Technical Services en muchas aplicaciones y en nuevos desarrollos. Con el pasar de los años, muchos miembros del personal han aportado al trabajo de manera entusiasta y nos han dado su apoyo constante. Más recientemente, Metálica Consultores, en Chile (en particular, Juan Camus) ha sido un apoyo entusiasta y su ayuda en la promoción de un entendimiento más amplio sobre el tema ha sido realmente muy valiosa.

* * *

El libro no se ha vuelto a imprimir desde 2010 y supuse que el interés sobre el tema podría haber declinado, aunque ocasionalmente me llegan consultas al respecto. Ahora, en 2014, me doy cuenta que esta suposición fue prematura y que el libro volverá a imprimirse gracias a la iniciativa del Dr. Brett King (COMET Strategy Pty Ltd), quien ha sido un amigo y colega por muchos años. Este resurgimiento significa mucho para mí y agradezco su gran esfuerzo, junto con el de otros colegas que siguen trabajando para promover un mejor entendimiento de la economía en la minería.

Kenneth F. Lane

Prólogo

La traducción del libro de Ken Lane al español es muy oportuna, dada la influencia que sus ideas han tenido en mejorar la rentabilidad del negocio minero. La obra de Ken se conoce principalmente por su teoría de leyes de corte, la que inicialmente fue dada a conocer en un artículo publicado en 1964 y que finalmente fue extendida en un magistral libro publicado en 1988. Este fue reimpreso con algunos cambios menores en 1991 y 1997. En 2014, se realizó una nueva impresión del libro, gracias a una iniciativa de Brett King. Este es un profesional de la minería, radicado en Australia, quien es también gestor de esta esta primera edición del libro en español y un prolífico continuador de los preceptos desarrollados por Ken.

Cabe destacar, que estos principios económicos, muy útiles para mejor conducir la explotación de un recurso mineral, fueron desarrollados a comienzos de los 1960s, cuando Ken trabajaba para el grupo Rio Tinto. De acuerdo a lo indicado por Ken – durante una de las muchas tertulias que el suscrito sostuvo con él, durante su vida activa – por ese entonces Rio Tinto pasaba por serias dificultades financieras; estos preceptos le ayudaron al Grupo a revertir su suerte e iniciar un período de crecimiento sostenido, que lo transformó en una de las corporaciones mineras más grandes del mundo.

Un aspecto meritorio de la teoría de leyes de corte de Ken Lane es el formulismo matemático empleado en el análisis. Este tiene aplicaciones que van más allá de la determinación de leyes de corte. En efecto, este formulismo permite medir el valor económico que se va creando por el negocio minero, a medida que el recurso mineral es consumido. En general, la política de leyes de corte obtenida por esta teoría es decreciente en el tiempo, lo que es producto de un costo de oportunidad que aparece en el análisis. Este es un costo hipotético, que dice relación con el valor que pudiera obtenerse si el activo minero se vendiera y su valor fuera invertido en un portafolio de igual riesgo. Dicho costo tiene que ser cubierto de alguna forma por la operación minera, por lo que el valor creado por la explotación, en un determinado período de tiempo, es la diferencia entre el flujo de caja obtenido y ese costo de oportunidad. Como este último costo decrece a medida que el depósito se consume, también lo hace la ley de corte, cuando no hay restricciones de capacidad involucradas en la operación.

En suma, el formulismo empleado por Ken Lane en su obra es fundamental para entender la economía del negocio minero y planificar la explotación de un yacimiento. Por lo tanto, este libro es también de mucha utilidad para aquellos profesionales de la minería que trabajan en el área de planificación minera, sin haber tenido una formación económica formal.

Para ilustrar la utilidad de esta obra, que ahora se pone a disposición del mundo hispano-parlante, un buen ejemplo es el acceso que el suscrito tuvo a la que quizás fue la primera traducción al español del artículo de Ken Lane publicado en 1964. Esta fue hecha por Manuel Echeverría y Alberto Salas y presentada en la XXIX Convención del Instituto de Ingenieros de Minas de Chile (IIMCh), que se realizó en La Serena, Chile, en Noviembre de 1977. Luego, el artículo en español, de los mismos autores, "Determinación de la ley de corte óptima", fue publicado por la revista Minerales, del IIMCh – Vol. XXXIII, No 141, Pág. 13-22, 1978.

El acceso a esta publicación le permitió al suscrito interiorizarse de la innovación propuesta por Ken Lane y vislumbrar su potencial de aplicación práctica en la minería chilena. Asimismo, pudo apreciar que el formulismo usado por Lane, también podía ser utilizado para explorar nuevas áreas de aplicación y determinar variables del negocio minero, que en el modelo original eran datos de entrada.

Entre estas destacan la determinación de la secuencia de explotación y de muchas variables de corte, aguas abajo en la cadena productiva. A este respecto es ilustrativo mencionar la separación entre concentrados y colas de relave, que se lleva a cabo en una planta concentradora. Esta depende del grado de molienda a que se somete el mineral tratado, el que a su vez afecta a la recuperación metalúrgica del proceso. Estas dos variables, ley de corte y recuperación metalúrgica, pueden ser determinadas simultáneamente mediante una adaptación del modelo de Lane.

Las innumerables aplicaciones hechas en Chile entre fines de los 1980s e inicios de los 2000s, cuando la minería chilena iniciaba un proceso de crecimiento sin precedentes, permitieron que las empresas mineras que innovaron en el tema crearan considerable valor para sus accionistas. Pero llegar a esta instancia no fue fortuito. Por esa época, para difundir más extensamente este conocimiento y explicar de primera fuente los principios de la teoría envuelta, los precursores de la aplicación de esta teoría en Chile, vieron la necesidad de organizar varios seminarios que contaron con la participación activa de Ken. Los cientos de asistentes que se beneficiaron con estos encuentros, ahora están en posiciones de privilegio en las distintas empresas mineras del país, por lo que este conocimiento se ha expandido aún más. Además, en esa época, Ken tuvo la ocasión de recorrer Chile y visitar una variedad de faenas mineras. En estas travesías, Ken realizó actividades de consultoría y pudo divulgar sus teorías en forma amena, haciendo uso de su extensa experiencia.

Es de esperar que lo anterior también pueda ocurrir en los países de habla hispana, que ahora están desarrollando su sector minero con más ahínco. Sin duda que esta nueva edición del libro de Ken Lane y el entusiasmo de sus varios discípulos, va a ayudar mucho a este propósito.

Dr. Juan Camus

Santiago de Chile, Octubre de 2016

Análisis del Valor Presente

Tiempo	T	Intervalo Corto	t
Recurso Disponible	R	Incremento Pequeño	r
Variables de definición		Tiempo por U. de Recurso	τ
Estrategia de Explotación	Ω	Estrategia de Exp. para t	ω

Valor presente	$V = V(T, R, \Omega)$ (también W)
V.A. Máximo	$V^* = V^*(T, R)$
Costo de Oportunidad	$F = \delta V^* - dV^*/dT$
Flujo de Caja	C por año
	c por unidad de recurso
Aumento en P.A.	v por unidad de recurso
Costo de Capital	δ (100δ %)
Valor Terminal	Γ

La prima (') indica valores especiales en contexto.

Modelo Económico

	Producción	Costo Variable (/producción de unidad)	Capacidad (producción/año)
Minería	Material	m	M
Tratamiento	Mineral	h	H
Marketing	Metal	k	K

Costos Fijos o de Tiempo	f por año
Precio	p por unidad de material
Ley de Corte	ley (g) metal/unidad de mineral
Cortes Óptimos	Ley (G) metal/unidad de mineral
Ley Promedio	$\bar{g}$ metal/unidad de mineral
Metal/Coeficiente de Mineral	x
Producción durante el Tratamiento	producción (y) (100y %)
Cantidades	q
Costo de Recuperación de Acopio	s por unidad de material
Tamaño del Acopio	S unidades de material
Intercepciones de corte	$\Upsilon1$, $\Upsilon2$ metal/unidad de mineral

Los sufijos denotan años o tienen una importancia especial en el contexto. También se usan ciertos símbolos con definiciones estrictamente locales.

CAPÍTULO UNO

Introducción

Cuando ingresé a la industria minera por primera vez, creía que los minerales, al igual que los tesoros enterrados, poseían características que se podían reconocer inmediatamente: brillaban en la oscuridad o daban destellos con la luz de una linterna, o eran negros y extrañamente pesados. Esta es una preconcepción que compartía con la mayoría de las personas comunes y corrientes y yo era, efectivamente, una persona común y corriente en ese tiempo, ya que mis estudios se habían enfocado en las matemáticas y en la economía, y no en la minería.

Incluso después de trabajar en varias minas, mi convicción permanecía inmutable. Cuando los geólogos me mostraban alguna veta rica en los colgantes o en los trozos que, ellos decían, eran buenas muestras de mineral de nuevas obras mineras, yo atribuía mi incapacidad de distinguir el material de cualquier otra roca que lo rodaba a mi vergonzosa ignorancia sobre mineralogía. Yo estaba impresionado, ya que estas personas eran capaces de ver diferencias sutiles que no se me revelaban, independiente de la cantidad de concentración que pusiera en ello.

Luego, inevitablemente, como buen matemático que soy, me preocupé de las estadísticas del muestreo. Aprendí que las muestras son los nervios de la operación de las minas, las muestras de sondajes, las muestras en lascas, las muestras de canales, las muestras fortuitas, las muestras de polvo... miles de muestras que se toman, prueban, planifican e interpretan regularmente. Ellas son el medio de control de la mina y, en el departamento de control de leyes, son el medio para determinar los límites del mineral. Por fin, lo entendí. Aunque algunos minerales se pueden distinguir gracias a ciertas propiedades físicas, los minerales en general se definen operacionalmente mediante una ley de corte; el material con contenido de metal por sobre el corte se envía para su tratamiento, mientras que otros materiales quedan atrás o se desechan como estéril.

Después de este descubrimiento, hice la que parecía ser la pregunta más obvia posible:

¿Por qué se trabaja sobre este valor particular de ley de corte, en vez de con algún otro valor?

Las respuestas típicas que obtuve fueron:

Siempre hemos trabajado con 0,3%.
En la casa matriz decidieron tener 5% de metales combinados hace algunos años.
Este es un asunto técnico, así que se lo dejamos a la gente que trabaja en terreno.
Creo que se examinaron varias leyes de corte en el estudio de factibilidad y 1% parecía ser el mejor.
Supongo que nuestros costos andan alrededor de $10 por tonelada y el uranio vale $10 por libra, así que 1 libra/tonelada parece ser el valor correcto.

La deficiencia de estas respuestas estimuló mi interés original sobre la definición del mineral. Parecía ser que el asunto no estaba claro dentro del alcance de cualquiera de las profesiones de la industria (minería, procesamiento de minerales, geología o economía) y, en consecuencia, no había recibido la atención que merecía. No encontré referencias acreditadas, sino solo menciones al pasar en algunos libros de texto y en un par de publicaciones. Parecía ser irónico que, en una industria dedicada a la explotación de minerales, la definición de mineral pareciera ser dada por sentada.

Esto ocurrió hace más de 30 años. Desde entonces, he trabajado en la planificación minera y en la economía de las leyes de corte en muchas minas alrededor del mundo, incluyendo la mayoría de las operaciones a gran escala, tanto a rajo abierto como subterráneas. En el transcurso de esta experiencia, se ha establecido una base teórica para la definición del mineral y la teoría se ha desarrollado para aplicarse a la mayoría de los métodos de minería. Los conceptos son ampliamente aceptados y muchos grupos han adoptado estas técnicas como práctica estándar para la determinación de políticas de leyes de corte. Un ejemplo reciente es el de Codelco, la corporación nacional del cobre de Chile. Las aplicaciones, en particular al diseño de minas de gran tamaño, han logrado mejoras sustanciales en la economía en general.

*   *   *

Los metales se infiltran a través de la corteza terrestre en diversas concentraciones alrededor del mundo. Una palada de tierra de la mayoría de los jardines probablemente contendrá cantidades medibles de aluminio, sílice, potasio, hierro, etc. Estos metales pueden ser de interés para el jardinero, pero no lo serán normalmente para el minero, por la muy obvia razón de que las concentraciones del metal son demasiado bajas.

De hecho, la concentración es la propiedad crítica aquí. La industria minera se puede considerar como una industria cuya preocupación completa está en la concentración, la concentración progresiva de metales hasta llegar a una forma en la que se puedan comercializar.

Típicamente, el proceso se da en etapas. La primera etapa es la exploración, que es la búsqueda de regiones mineralizadas en la corteza terrestre donde ya haya ocurrido algún grado de concentración natural. La segunda etapa es la extracción, en la que ciertas partes de una región mineralizada se recuperan para pasar por un tratamiento adicional. Las etapas que siguen son las de tratamiento, como la del chancado, la molienda, la flotación, la lixiviación, la fundición y el refinado.

La subdivisión del proceso completo en etapas, y las ubicaciones de los límites exactos entre ellas, depende de la economía de las tecnologías involucradas. Por ejemplo, una molienda más fina usualmente resultará en mejores producciones del metal desde el material molido, pero a costo de un mayor consumo de energía. De manera similar, usualmente se tendrán mejores producciones desde tiempos mayores de residencia en circuitos de lixiviación, pero a costo de un consumo mayor de ácido. Así, las etapas interactúan y solo se puede decidir por una combinación óptima si se mira a la operación completa.

Este libro se enfoca exclusivamente en la segunda etapa: la extracción. A menudo solo se le llama minería, aunque se considera que las referencias a la industria minera abarcan todas las etapas. El límite, que parece ser el punto principal de atención, es el que distingue el material dentro de un yacimiento que será extraído y tratado, y el resto. Este límite se especifica comúnmente usando una ley de corte y la teoría que se desarrolla en los siguientes capítulos se concentra en tales casos. En otros casos, donde por ejemplo es necesaria la mezcla para cumplir con algún requerimiento de calidad, la teoría ya no es directamente pertinente.

Para evitar ambigüedades, las palabras "mineral" se usan solo para describir el material que ha sido extraído para ser tratado. En otras palabras, por definición, las minas extraen mineral. Por ende, establecer una base económica para la determinación de las leyes de corte implica, de hecho, entregar una definición económica del mineral.

La forma de la presentación es, primero, enunciar los principios económicos que son pertinentes para el análisis y, luego, rastrear las consecuencias de aplicar estos principios en varias circunstancias. Aunque esto lleva a complejidades matemáticas en algunas áreas, sucede que más a menudo se requiere de un pensamiento claro y consistente, que de agilidad con el álgebra. Durante el curso del trabajo, se desarrolla una teoría coherente de leyes de corte y las derivaciones desde la fórmula principal se describen en algo de detalle. Sin embargo, la intención es explicar las ideas más que lograr alcanzar un rigor matemático. La teoría se ilustra con estudios de casos que se basan en adaptaciones de aplicaciones reales. Se incluye suficiente material para los estudios de caso, que servirá como una referencia útil.

Desde el comienzo nos encontramos con problemas de semántica. Hay muchas palabras importantes, que se usan de forma común y casual en la industria, pero que tienen diferentes significados dependiendo del contexto. Esto lleva a malos entendidos y, ciertamente, impide el desarrollo de conceptos claros. Las palabras "mineral en bruto" ya se han mencionado y son un ejemplo esencial. Los cuerpos mineralizados se llaman yacimientos antes de que se comiencen a explotar e incluso antes de que se haya propuesto algún plan serio para extraer material de ellos. Luego, las reservas de mineral posibles, probables, sondeadas, inferidas y desarrolladas se citan a menudo cuando, estrictamente hablando, son las estimaciones de las toneladas de material mineralizado que podrían ser mineral en ciertas circunstancias en el futuro. En este texto se ha tenido cuidado de evitar tales inconsistencias en las definiciones. A menudo, esto lleva a un uso poco familiar de ciertos términos, pero la intención de esto no es ser pedante. Se usan palabras o usos fuera de lo común solo cuando es importante hacer una distinción.

Surgen otros problemas debido a la naturaleza finita de los cuerpos mineralizados. Las operaciones mineras que se basan en ellos deben tener una duración limitada, que es una característica que introduce complicaciones en el análisis económico. Lamentablemente, también puede introducir una carga emocional en las actitudes personales sobre el tema. Estas, agravadas por las dificultades semánticas, muy a menudo resultan en discusiones poco edificantes en vez de en discusiones útiles.

Aquí se evitan problemas de este tipo al seguir estrictamente las consecuencias lógicas de los supuestos y los objetivos. El propósito es desarrollar una definición del mineral, que sea óptima según las ideas económicas aceptadas actualmente, independiente de otras consideraciones.

Las políticas óptimas de leyes de corte económicas se han calculado para una variedad de proyectos en los últimos 30 años. A grandes rasgos, la conclusión en el caso de las minas que están bien establecidas es que estas políticas óptimas rara vez difieren mucho de las prácticas actuales. La razón para esto es que las minas usualmente se han diseñado, y posteriormente quizás modificado, para manejar las cantidades de mineral y de metal y las leyes asociadas a las que estas prácticas dan lugar. Las capacidades del equipo y de las instalaciones a menudo no permiten tener mucha flexibilidad y, por lo tanto, las leyes de corte solo pueden variar dentro de límites muy estrechos. En contraste, cuando los esquemas de expansión se diseñan, e incluso más cuando se desarrollan minas totalmente nuevas, la teoría puede indicar leyes de corte que son muy diferentes a las políticas convencionales, con las mejoras correspondientes y muy sustanciales en los rendimientos en general.

Aunque hay una cantidad sorprendente de cálculos de leyes de corte que se pueden hacer a mano, estos se pueden volver muy intrincados. Esta observación es particularmente pertinente para la determinación de políticas de corte para planificaciones de largo alcance. En este libro, estos cálculos se realizan usando un programa computacional que ha sido desarrollado para este fin en los últimos años. Se llama OGRE (*Optimum Grades for Resource Exploitation*, o Leyes Óptimas para la Explotación de Recursos). Los derechos de este programa son propiedad del grupo Río Tinto, pero hay otros paquetes de software disponibles en el mercado, uno de los más destacados es COMET *Optimal Scheduler*, desarrollado por COMET Strategy Pty Ltd de Australia.

CAPÍTULO DOS

Principios económicos

Inevitablemente, la pregunta que siempre se hace acerca de cualquier cuerpo mineralizado es: ¿contiene metales que se puedan explotar? O, más estrictamente: ¿Tiene algún potencial minero que se pueda explotar?

Una consecuencia inconveniente de la adopción de una definición económica del mineral es que ya no hay una propiedad inherente del material mineralizado que permita tener una respuesta a esta pregunta, de forma aislada. Aunque el personal de exploración minera a menudo calcula un "valor en dólares por tonelada de roca" para evaluar los objetivos, de hecho, los metales en la tierra no tienen un valor explícito. No se concreta ningún valor hasta que este haya sido extraído, tratado y enviado al cliente. Por lo tanto, la economía de la definición del mineral no se puede evaluar por separado de la economía del proceso minero total. De hecho, es la economía del proceso minero la que determina la definición económica del mineral.

Este es un punto fundamental, ya que a menudo se hace referencia a los cuerpos mineralizados como recursos valiosos. En cierto sentido pueden serlo, pero considerarlos como tal puede ser engañoso. Ciertamente no son un recurso valioso que se pueda comparar con el dinero en efectivo en un banco o con cultivos en un campo. El único valor inmediato que podrían tener es el precio que una compañía minera podría ofrecer por el derecho a explotarlos. Hablando de forma más realista, un cuerpo mineralizado debería considerarse como una oportunidad de desarrollo posible, siendo este desarrollo, por supuesto, una operación minera. Cualquier valor que se le pueda atribuir a la mineralización es, entonces, concretado como una parte integral de los procedimientos de la operación.

Se deduce de estas consideraciones que, para establecer una base económica para la definición del mineral, el análisis debe, primero, ser dirigido hacia una mina operacional. Del entendimiento de los factores económicos que influyen en el proceso minero completo, se debe derivar un entendimiento de los factores económicos que influyen en los límites del mineral.

Los factores involucrados son muchos e incluyen a los mercados, los precios y los costos, pero estos se pueden integrar usando el concepto económico del valor. Una operación minera genera ingresos e incurre en costos; por lo tanto, es una entidad económica y se le puede atribuir un valor estimado.

Este valor depende claramente de la definición del mineral, ya que algunas bases de la definición dan pie a valores más altos que otros. La base que genera el valor más alto es el óptimo y esta base es la que establece la definición económica del mineral. En otras palabras, la explotación del material desde el cuerpo mineralizado se debería programar como mineral si, y solo si, la decisión de tratarlo agrega algo al valor económico total de la operación. Este es el criterio esencial.

Las estimaciones del valor económico se derivan de flujos de caja proyectados. Como resultado de la generación de ingresos y de los costos en que se incurre año a año, una operación genera flujos de caja netos anuales, que se pueden amalgamar en un valor, estrictamente, un valor "presente", al descontar los flujos de caja futuros a un costo adecuado de capital, y al totalizarlos. La teoría de los valores presentes, o sus contrarios, las tasas internas de retorno, y los métodos para determinar el costo del capital están más allá del alcance de este libro. La teoría se ha discutido y analizado ampliamente en muchos libros y publicaciones y ha sido aceptada en la industria minera, ciertamente por sus analistas financieros. Se usa casi universalmente para valorizar propiedades y para evaluar nuevos proyectos. Sin embargo, su uso como medio para determinar una política operacional óptima es menos común.

Por supuesto, esto no la hace menos válida, pero la poca familiaridad ha contribuido a hacer crecer el escepticismo acerca del criterio del valor presente en este contexto, particularmente cuando los resultados difieren significativamente de las ideas convencionales. Las diferencias también aparecen en que, usualmente, la maximización del valor presente indica leyes mayores y mayores tasas de minería, que parecen ser inconsistentes con las políticas mineras conservadoras en las que ya se confía.

La expresión de reservas acerca del criterio del valor presente, eso sí, está lejos de proponer una alternativa. De hecho, es raro que se formulen alternativas inequívocamente, pero las dos contenciones más generales son que:

1) el material mineralizado se debería tratar como mineral si este entregará un aporte a las ganancias;

2) la minería se debería realizar de modo tal de maximizar la extracción del material valioso.

Las políticas de corte, que resultan de la aplicación de estos criterios, pueden ser las mismas, dependiendo de la definición de los términos empleados, pero estos se discuten por separado.

El primer criterio es, de alguna forma, popular entre el personal técnico. La pregunta sobre qué es lo que constituye un aporte a las ganancias es, sin embargo, el tema de muchos debates. A menudo se argumenta que cualquier material para el que el valor del metal recuperado exceda el costo marginal de tratarlo se debería considerar como mineral. A veces, los aportes hacia los gastos generales se agregan a los costos y, a veces, más allá de eso, también se agrega un requerimiento de ganancia mínima. La base del argumento es que, si tal material no se clasifica como mineral, entonces se desperdicia una oportunidad de generar ganancias.

La falla en el argumento es que pasa por alto completamente a las capacidades. Es equivalente a decir que un comerciante detallista debería agregar a su inventario cualquier bien que prometiera rendir una ganancia marginal. Los comerciantes detallistas no hacen esto. Saben que el espacio es limitado y dentro de esta limitación intentan tener en sus inventarios productos más rentables y, en la mina, se aplican consideraciones similares, ya que tiene una capacidad que se ve limitada por alguna parte de su instalación: el túnel, el molino, la flota de camiones, la tasa de desarrollo, etc. Dentro de esta limitación, los operadores deberían elegir procesar el material más rentable. Esta política es consistente con la interpretación del criterio, que incluye un margen de ganancia mínimo, pero quienes apoyan este criterio usualmente no dan bases para determinar el margen más allá de la política de la compañía. El criterio del valor presente, en contraste, da una base precisa derivada como una compensación entre las ganancias actuales y futuras a través de la función del valor presente.

El segundo criterio, de que la extracción del metal valioso se debería maximizar, es propuesto frecuentemente por los dueños del derecho al mineral, los gobiernos locales y los conservacionistas. Por supuesto, inmediatamente da pie a la siguiente pregunta: ¿qué es el metal valioso? Un argumento extremista dice que todas las reservas mineras o geológicas (sean las que sean) se deberían extraer en el interés de la conservación de recursos. Esta es una postura poco realista que, usualmente, surge desde una mala comprensión de la forma en la que los metales se distribuyen en la tierra. Un punto de vista menos extremista es que la mina se debería desarrollar de modo tal de que el material de menor calidad se extraiga junto con el material de mejor calidad, en una mezcla aceptable que genere una ganancia satisfactoria. Por supuesto, cada mina mezcla materiales de menor y mejor calidad según sea la necesidad y el fin de una ley de corte es determinar cuán mala puede llegar a ser la calidad del material. Sin embargo, los protagonistas de los criterios de extracción máximos usualmente implican tener un grado de subsidio para el material de mala calidad, que no resultaría ser rentable por sí mismo. Lo que esto quiere decir no queda muy claro, pero la idea de los subsidios cruzados de leyes de mineral son económicamente poco sólidos, con la excepción de algunas circunstancias especiales. Un punto de vista más razonable define el material valioso de la misma forma que lo hace el primer criterio. En este caso, los dos dan el mismo resultado y sufren de la misma objeción acerca de los efectos de la capacidad.

Ambos criterios tienen otra limitación importante: no tratan a las variaciones de precio de forma satisfactoria y tampoco tratan a las variaciones de otros parámetros económicos de forma satisfactoria, pero el precio sigue siendo la influencia predominante.

El punto es que, como con todos los cálculos de equilibrio que comparan el valor inherente con el costo, de alguna forma, los precios más altos llevan a leyes de corte más bajas. Ahora, las leyes de corte más bajas producen leyes promedio más bajas y, si la cantidad de mineral tratado permanece sin alteraciones, como a menudo lo hace, el resultado del metal se reduce. Esto es lo contrario a lo que debería ocurrir en el mercado. Los precios más altos implican una deficiencia del suministro en relación a la demanda y deberían dar pie a un aumento del suministro, no a una reducción de este. Además, la mina misma está en la posición de vender menos al precio más alto que al más bajo, que es una política que no puede tener sentido.

El valor presente es el único criterio que sí incorpora un medio para tratar las condiciones económicas variables. Los parámetros que definen las condiciones se incluyen en las estimaciones del valor presente y afectan a los cálculos de leyes de corte óptimas de forma tal que evitan tener reacciones sin sentido ante los cambios de precio. Esta característica se ilustra en el Estudio de Caso 2 (página 110).

Muchas de las críticas al criterio del valor presente son, realmente, expresiones de intereses especiales. Por ejemplo, es rara vez ventajoso, para el personal que opera una mina, apoyar una política que acorte su vida útil, ya que solo estarían amenazando su propio sustento. De manera similar, los gobiernos locales usualmente desean que se prolonguen las actividades industriales, ya que esto implica una continuidad del empleo, una continuidad de las tributaciones y, quizás, una continuidad de los royalties.

Hay un conflicto aparente, aquí, entre los intereses de las partes que contribuyen pero, desde un punto de vista estrictamente económico, no es un conflicto inevitable. Si se planifica una mina de forma tal de maximizar su valor presente neto (exceso del valor presente por sobre los costos capitales) entonces, en teoría, hay más riqueza para compartir entre los participantes. Todos estarían mejor, ya sea que, en algún caso, dependan o no de la naturaleza de los acuerdos entre ellos, pero este es un asunto de enorme importancia por derecho propio.

Aunque suene repetitivo, este libro se concentra completamente en la definición económica del mineral como una definición que maximiza el valor presente neto de una operación minera. Pueden perfectamente haber razones para adoptar otras bases de definición, necesariamente por debajo del óptimo, en casos especiales, pero tales casos no se abordan en este libro, mas que para hacer referencias casuales y ocasionales.

CAPÍTULO TRES

Recursos finitos y valores presentes

Como ya se ha recalcado antes, cada mina se establece en un cuerpo mineralizado que, a final de cuentas, tiene un alcance limitado. Algunos son muy localizados y se explotan en cosa de meses, mientras otros son vastos y parecieran contener fuentes inagotables de mineral. No obstante, son realmente finitos y, más temprano que tarde, se agotarán.

Esta característica hace que el análisis de las estrategias operacionales para las minas sea muy diferente al análisis de la mayoría de los otros proyectos industriales o comerciales. El concepto fundamental de la optimización mediante la maximización de los valores presentes es igual de pertinente. Sin embargo, otros proyectos usualmente no se basan en recursos agotables y, por ende, las estrategias operacionales actuales no reaccionan de la misma forma en el futuro. Para una mina, tener tasas mayores de explotación implica acortar la vida útil de esta, y viceversa. Los efectos de esto se deben incluir, de alguna forma, en el análisis. Por supuesto, es la función de valor presente misma la que entrega el medio para hacer que los efectos monetarios, que ocurren en momentos diferentes, sean proporcionales. Un concepto preliminar esencial para un análisis de la estrategia de ley de corte es, por lo tanto, un examen de la maximización del valor presente para una operación basada en un recurso finito. Esto necesariamente incluye algo de matemáticas, pero también se dan explicaciones más detalladas en los párrafos que siguen.

Denotemos el valor presente de una operación basada en un recurso finito con una V. La operación podría ser una mina, pero el análisis es general y podría aplicarse a cualquier tipo de operación con recursos finitos como, por ejemplo, la liquidación de reservas. V se calcula como el total de los flujos de caja futuros, descontados retroactivamente hasta el presente. Si estos flujos de caja, año a año, son $C1, C2...$ y el costo del capital es ($100 \times \delta$ como un porcentaje), luego

$$V = C_1/(1 + \delta) + C_2/(1 + \delta)^2 + \ldots$$

Los flujos de caja *C1, C2*... dependen de los precios y de los costos predominantes en ese momento y, por lo tanto, el valor de *V* en sí mismo depende del tiempo presente, *T*, que forma la base del cálculo. En otras palabras, el valor presente de dos operaciones exactamente iguales, calculado en momentos diferentes, en general, será diferente.

$$V = V(T)$$

Además, el valor presente también depende de la cantidad de recurso, *R*, que sigue estando disponible. En general, debe reducirse a medida que el recurso se consume y caer a cero cuando el recurso se agota, o sea,

$$V = V(T, R) \text{ y } V(T, 0) = 0$$

Sin embargo, este no es el fin de la historia. *V* debe depender de muchas otras variables que describen la forma en que la operación se tiene que realizar. En vez de escribir una lista extensa, una convención matemática pertinente debe representar estas variables en un solo símbolo. Llamémoslo *Ω*. *Ω* define las *estrategias operacionales* que se usarán en el futuro y

$$V = V(T, R, \Omega)$$

En el caso de las estrategias de ley de corte para una mina, *Ω* consistiría del corte variable (*g*, por ejemplo) que puede tener diferentes valores (*g1, g2, g3*, etc.) para los años de vida útil que le restan a la mina. Tal secuencia de valores se puede considerar como una política y, por lo tanto, *g1, g2, g3*, etc. son las que definen una política de ley de corte. Así, en este caso, si las leyes de corte son los únicos parámetros que se van a investigar,

$$\Omega = g_1, g_2, \ldots$$
$$V = V(T, R, g_1, g_2, \ldots)$$

Ahora, volviendo al caso general, de todos los conjuntos de estrategias operacionales, *Ω*, que se podrían adoptar, debe haber al menos un conjunto que sea óptimo en el sentido de que da pie al valor máximo para *V(T, R, Ω)* o, en otras palabras, cualquier conjunto de valores para *Ω* dará pie a algún valor para *V(T, R, Ω)* y, si *Ω* variara en cada uno de los conjuntos de valores concebibles, *V(T, R, Ω)* variará consecuentemente y, al menos, uno de los valores que tome debe ser el máximo.

Llamemos a este máximo *V*(T,R)*. Una observación importantísima en este punto es que ya no es una función de *Ω*. *V(T, R, Ω)* en sí misma lo era, pero *V*(T,R)* no lo es.

Esto es como observar que las alturas en un mapa son una función de la posición, pero que la altura del punto más alto no lo es. Por supuesto, tiene una posición, pero depende solo del área particular cubierta por el mapa y de nada más. Así,

$$_{\Omega}\text{Máx. }\{V(T, R, \Omega\} = V^*(T, R)$$

Antes de seguir desarrollando el álgebra, revisemos la función *V*(T, R)* más de cerca. Es una función de dos variables y, por lo tanto, forma una superficie. Para *R = 0*, cuando el recurso se ha agotado, *V* = 0* de forma que la superficie caiga a cero a lo largo del eje *R = 0*. Además, la función debe reducirse, en general, a medida que *R* se reduce (solo si la estrategia óptima involucra un egreso de efectivo, esta aumentará).

En la Figura 3.1 se muestra una superficie posible y, además, hay que entender por qué esta figura es importante. La superficie representa consistentemente las pendientes decrecientes hacia el eje inferior en el que el recurso disponible es igual a cero. Este eje es, en sí mismo, el contorno cero del "valor presente". Al avanzar por la figura, la superficie tiene ondas en la dirección del tiempo, que surgen de las variaciones en las proyecciones de los precios y los costos y que causan variaciones en las estimaciones del valor presente en momentos diferentes, incluso para la misma disponibilidad del recurso. Las proyecciones constantes de precio y costo darían una serie de valores paralelos horizontales.

De las dos variables independientes, *T* y *R*, la primera no es controlable porque es simplemente la fecha en la que el valor presente se basa, o sea, define el presente desde el que se descuentan los flujos de caja. El segundo, *R*, o más exactamente la tasa a la que *R* se reduce, es la variable que se ve afectada directamente por las operaciones.

Por supuesto, a medida que *R* se reduce (o sea, a medida que ese recurso se consume), el tiempo necesariamente avanza y el nivel cambiante del recurso, con el paso del tiempo, se puede graficar, formando una línea, o un rastro, como el que se ilustra en la Figura 3.2. Este rastro define la tasa a la que el recurso se consume en cada momento a lo largo de la vida útil de la operación y, por ende, es una especificación completa de una estrategia de explotación, a la que podemos llamar rastro de la explotación.

Figura 3.1 Superficie del Valor Presente Máximo

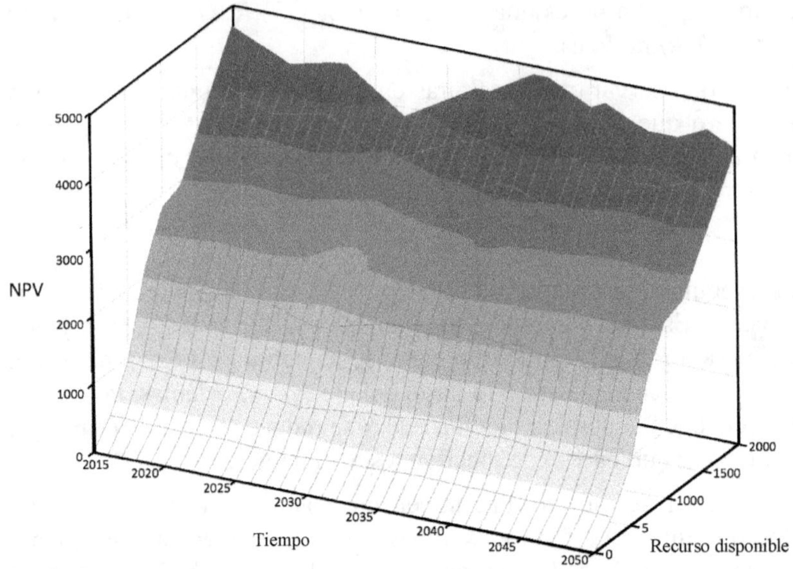

Figura 3.2 Un Rastro de Explotación

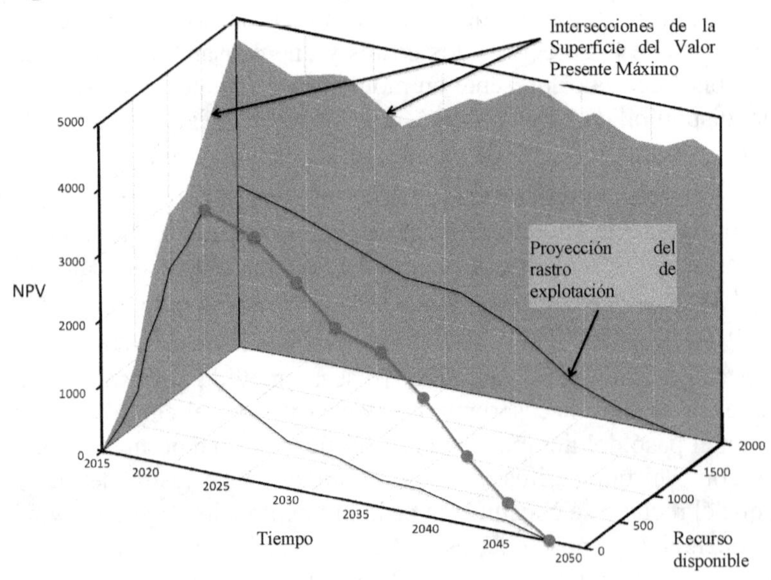

En la Figura 3.2 se ilustra un rastro de explotación, que es la proyección en el plano del tiempo y del recurso que define la estrategia de explotación. Comienza con 1.500 unidades de recurso disponible en el tiempo 2015. Cerca de 800 unidades se consumen en los primeros diez años, pero la tasa de explotación se reduce a cerca de 300 unidades en los siguientes diez años. El recurso se agota para el año 2047.

Cada rastro de explotación tiene una secuencia de valores presentes. Dados los precios y costos proyectados y otros parámetros económicos, los flujos de caja para cada año se pueden calcular y, desde ellos, se pueden compilar los valores presentes en cada punto a lo largo del rastro.

Los valores presentes correspondientes a la estrategia de explotación ilustrada en la Figura 3.2 se muestran como puntos bien marcados. El valor inicial en el año 2015 es de 2.500. Se reduce a 2.000 cerca del año 2022 y luego declina constantemente hasta llegar a cero en 2047.

Estos valores presentes se pueden comparar con los de los puntos correspondientes en la superficie del valor presente máximo, cuyas intersecciones con los dos planos verticales se muestran en la misma figura, como referencia. Obviamente, ninguno puede exceder el máximo correspondiente y, en general, todos serán menores. Cuando ocurre la igualdad, el resto del rastro, desde el punto de igualdad hacia adelante, define el rastro óptimo de la estrategia. Además, los valores presentes en cada punto posterior a lo largo de ese rastro deben ser iguales a los máximos correspondientes; si no lo son, se puede construir un rastro alternativo que resulte en un valor presente mayor, en contradicción a la definición del máximo.

Este principio es fundamental. Un rastro óptimo de la estrategia debe ser óptimo para cada punto a lo largo de su extensión y todos los valores presentes asociados deben ser máximos. En otras palabras, los rastros óptimos de la estrategia deben estar incrustados en la superficie del valor presente máximo. En general, forman una serie de líneas paralelas dentro de la superficie. El que muestra la misma posición inicial, 1.500 unidades de recurso en el año 2015, se ilustra en la Figura 3.3. Matemáticamente, la aplicación de este principio de optimalidad es conocida como una programación dinámica.

Figura 3.3 Rastro Óptimo de Explotación en la Superficie del Valor presente Máximo

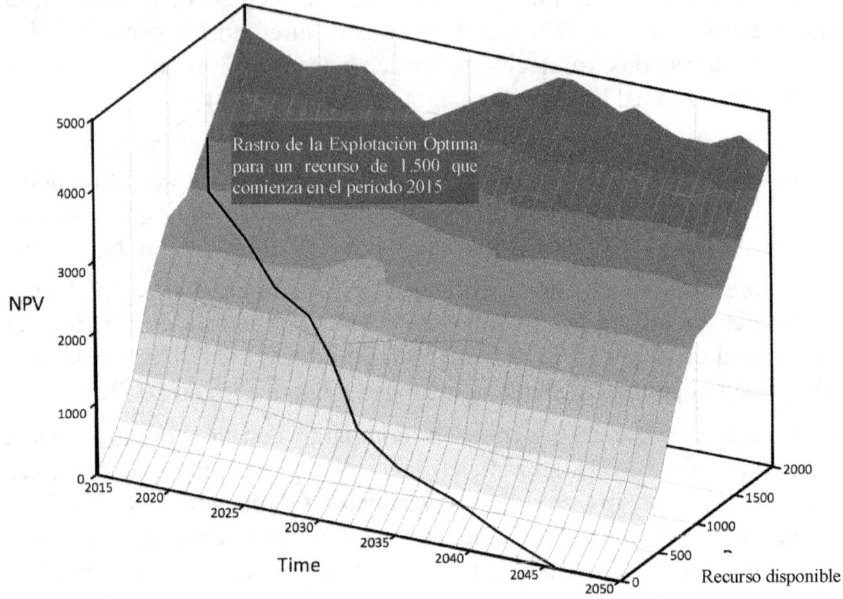

Para encontrar una estrategia operacional óptima y el valor presente máximo correspondiente en un caso en particular, la totalidad de la superficie del valor presente máximo es irrelevante. Solo la superficie de la vecindad inmediata del rastro es la que importa. Si, entonces, se puede encontrar alguna forma de decidir la dirección del rastro en cualquier etapa, dado algún punto de partida, el rastro se puede seguir y sus valores presentes asociados se pueden compilar. Este es el fin del análisis presentado a continuación.

Volviendo al álgebra y comenzando con el recurso R y el tiempo T, considere una reducción pequeña de r en R. Definamos a la estrategia operacional para efectuar esta reducción como ω. Definamos que el tiempo sea t y que el flujo de caja correspondiente por unidad de recurso sea c. t es una función de ω y de r, mientras c es una función de ω y de t; en otras palabras:

$$t = t(\omega, r) \quad \text{y } c = c(\omega, t)$$

Después de tomar la reducción, r, el remanente del recurso será R-r y el tiempo, T+t. Esto tendrá un valor presente.

$$V = V(T + t, R - r, \Omega')$$

donde Ω' es la estrategia operacional adoptada desde este punto en adelante. El valor presente en T, R se puede denotar como sigue:

$$V = V(T, R, \omega + \Omega')$$

debido a que la estrategia operacional correspondiente es ω para la reducción r, seguida por Ω'.

Por definición de valores presentes,

$$V(T, R, \omega + \Omega') = rc(\omega, t) + \frac{V(T + t, R - r, \Omega')}{(1 + \delta)^t}$$

donde δ es el costo del capital (*100*δ es un porcentaje).

Si ω será una estrategia óptima para la reducción r y parte de una estrategia óptima Ω, entonces Ω' debe constituir una estrategia óptima y

$$V(T + t, R - r, \Omega') = V^*(T + t, R - r)$$

Ahora, si se maximizan ambos lados de la ecuación con respecto a ω

$$V^*(T,R) = \mathrm{Max}_{\omega}\left\{rc(\omega,t) + \frac{V^*(T+t,R-r)}{(1+\delta)^t}\right\}$$

pero, asumiendo que *r* y *t* son pequeños

$$V^*(T+t,R-r) = V^*(T,R) + t\,\frac{dV^*}{dT} - r\,\frac{dV^*}{dR}$$

a la primera orden de aproximación y, además, tomando los diferenciales en el punto *T, R*. Además, usando la primera orden de aproximación, dejando de lado todos los términos de segundo orden

$$\frac{1}{(1+\delta)^t} = (1+\delta)^{-t} = 1-\delta t$$

Combinando estas dos expresiones

$$\frac{V^*(T+t,R-r)}{(1+\delta)^t} = (1-\delta t)\,V^*(T,R) + t\,\frac{dV^*}{dT} - r\,\frac{dV^*}{dR}$$

Por ende, se deja de lado la dependencia de *T, R* para simplificar la notación

$$V^* = \mathrm{Max}_{\omega}\left\{rc(\omega,t) + V^* - \delta t\,V^* + t\,\frac{dV^*}{dT} - r\,\frac{dV^*}{dR}\right\}$$

Sin embargo, V^* y, por lo tanto, dV^*/dT and dV^*/dR son independientes de ω. También lo es el incremento pequeño y arbitrario *r*. Retirar V^* y $r\ dV^*/dR$ desde la expresión de maximización

$$V^* = V^* - r\,\frac{dV^*}{dR} + \mathrm{Max}_{\omega}\left\{rc(\omega,t) - \delta\,t\,V^* + t\,\frac{dV^*}{dT}\right\}$$

V^* se cancela, entonces:

$$r\,\frac{dV^*}{dR} = \mathrm{Max}_{\omega}\left\{rc(\omega,t) - t\left[\delta\,V^* - \frac{dV^*}{dT}\right]\right\}, \text{ o}$$

$$\frac{dV^*}{dR} = \mathrm{Max}_{\omega}\left\{c(\omega,t) - \left[\delta\,V^* - \frac{dV^*}{dT}\right]\frac{t}{r}\right\}$$

$[\delta V^* - dV^*/dT]$ es una constante en el proceso de maximización. Si lo llamamos *F* y ponemos $t/r = \tau$ como el tiempo que toma procesar una unidad de recurso, la ecuación se reduce a

$$\frac{dV^*}{dR} = \mathrm{Max}_{\omega}\{c(\omega, t) - F\tau\}$$

Esta ecuación es un resultado bastante extraordinario, ya que implica que *dV*/dR* debe ser un máximo en todos los puntos a lo largo de un rastro óptimo de estrategia. Esto quiere decir que las estrategias se deben elegir de forma que cada reducción *r* en *R* tenga el mayor efecto posible sobre *V**. Esto es intuitivamente obvio porque, sumando todos los cambios en *V**, correspondientes a una secuencia de reducciones en *R* hasta llegar a cero, obtendremos, entonces, el total más grande. O, en reversa, si un rastro óptimo de estrategia se sigue hacia atrás desde *R = 0* y pasos de *r*, entonces, si cada paso se toma en la dirección del ascenso más marcado hasta la superficie *V**, el punto final que se alcance debe ser el más alto posible. Sin embargo, las características excepcionales están a la derecha de la ecuación.

Primero, la maximización no es más difícil que la maximización de *c* misma. La única diferencia introducida al considerar el valor presente de una secuencia de flujos de caja en vez de los flujos de caja individualmente es la adición del término $F\tau$. Como *F* es independiente de ω, esto es equivalente a la adición de un término de costo de tiempo y un término de esta naturaleza está, casi certeramente, ya en *c*.

En segundo lugar, para poder determinar la estrategia de explotación óptima en cualquier punto, la única información que se requiere para el resto del proceso de optimización en el futuro es el valor de *F*. No es necesario hacer una maximización simultánea para todas las variables en Ω. Esta es una simplificación vasta, aunque, por supuesto, *F* es dependiente de la estrategia futura, por lo que aún se tiene que desarrollar algún método para determinar su valor.

En jerga económica, el término *F* es un costo de oportunidad. Se puede considerar que la operación tiene un valor capital de *V*. De hecho, esta es una interpretación del valor presente. En cierto sentido, es el capital que recibe dos castigos como resultado de estar amarrado en la operación. Uno es el interés que se podría haber ganado si se hubiera desplegado en alguna otra parte; esto es δV, con δ siendo el costo de capital de la corporación. El otro es el descenso en el valor como una consecuencia de condiciones económicas deterioradas; eso es *-dV*/dT* (puede, por supuesto, ser un bono en vez de un castigo si *dV*/dT* es positivo).

Hay dos métodos alternativos principales para determinar un valor para *F* en aplicaciones prácticas.

El primer método es, simplemente, estimarlo. Este método es satisfactorio cuando los flujos de caja no son hipersensibles a los cambios en la estrategia operacional y, también, cuando solo se requiere de un óptimo actual. En estas circunstancias, una aproximación de *F* nos da una base adecuada para establecer el óptimo, porque los errores en la estimación tienen un efecto muy poco importante en el resultado. Además, *F*, independiente de cómo se determine, es solo una proyección económica que está sujeta a cierta incertidumbre. Este tema se aborda en el Capítulo 8.

El segundo método es usar una técnica de iteración matemática. Se supone un valor inicial para *F* y se calcula una estrategia completa de explotación óptima, paso a paso, hasta que el recurso se agote. El valor presente residual en esta etapa debería ser cero y, si no lo es, el valor inicial para *F* se ajusta y el proceso se repite. Una técnica de este tipo se adapta muy bien a las aplicaciones computacionales y tiene la ventaja de llevar a una estrategia de explotación completa que, en ciertos casos, puede ser importante. En el Capítulo 10 se describe la técnica en el contexto de determinar una política de ley de corte óptima.

Resumiendo, la estrategia de explotación óptima para maximizar el valor presente de una operación, basada en un recurso finito, se puede determinar en cualquier etapa al maximizar la expresión:

$$c - \tau\left(\delta V^* - \frac{dV^*}{dT}\right) = c - F\tau \ldots \text{(I)}$$

donde c es el flujo de caja que surge desde una reducción de la unidad del recurso, τ es el tiempo que toma procesar la unidad y V^* es el valor presente máximo en esa etapa. Esta fórmula es necesaria para el cálculo de leyes de corte óptimas en conjunto con un modelo económico adecuado.

En este punto es importante comentar que esa derivación de la fórmula I no requiere de ninguna referencia explícita a las leyes de corte. Es igualmente pertinente para una optimización donde el objetivo sea la maximización del valor presente. El costo de oportunidad mide la compensación entre los flujos de caja actualizados y futuros y, por lo tanto, debería influir sobre cualquier decisión de planificación que afecte a la tasa de explotación y a la vida útil del recurso. Un ejemplo de esto es la recuperación y la producción del molino sobre la que se hace una breve mención en el Capítulo 17. Sin embargo, el énfasis de este libro está en la decisión sobre la ley de corte.

CAPÍTULO CUATRO

Modelos económicos

El propósito del modelo económico de una operación es entregar un medio para el cálculo de los efectos de la realización de cambios en ciertas variables. Para los fines actuales, es necesario poder calcular los efectos que los cambios en las leyes de corte, la producción, los precios y los costos tendrán en los flujos de caja de una operación minera. Las minas difieren en muchas formas y, a veces, tienen características únicas, por lo que los modelos mineros a menudo tienen que ser hechos a medida para ajustarse a sus circunstancias específicas. Sin embargo, la estructura del proceso minero es similar en la mayoría de las aplicaciones y es útil para construir un modelo básico al que se le puedan hacer variaciones, según sea necesario.

Hay tres componentes principales en una operación minera, relacionados con la producción a la que se refiere el componente. Las tres producciones son:

1) Material mineralizado
2) Mineral
3) Metal

La definición de estos componentes es fundamental, pero la interpretación de la definición difiere para los diferentes tipos de minas.

1) Material Mineralizado

Este componente puede ser llamado el componente minero y se relaciona con la creación de un acceso al interior del cuerpo mineralizado Se incurre en costos por tonelada de material mineralizado que se vuelve accesible y la capacidad es la tasa máxima a la que el cuerpo mineralizado se puede abrir.

En una mina subterránea, este componente normalmente se llamaría desarrollo o construcción. Consiste en abrir nuevas obras mineras, elevaciones, etc. y en la formación de cámaras en preparación para la extracción del mineral. En una mina a rajo abierto es la perforación, las tronaduras y el transporte del material desde que se obtiene el acceso mediante la excavación total.

2) Mineral

Este puede ser llamado como el componente de tratamiento y se relaciona con el procesamiento adicional de la parte del cuerpo mineralizado que se ha determinado que será el mineral. Se incurre en los costos por tonelada de mineral y la capacidad es la producción máxima de mineral que la instalación es capaz de manejar.

En las minas subterráneas, la mayor parte del proceso de extracción, a la que normalmente se hace referencia como minería, cae dentro de esta categoría porque, usualmente, solo se extrae el mineral. El resto del cuerpo mineralizado queda en donde estaba originalmente. La extracción vertical (izaje) y la concentración también pertenecen a esta categoría. En una mina a rajo abierto, la definición es más clara. Es el proceso por el que el mineral pasa después de que ha sido transportado desde la mina.

La capacidad de una mina normalmente se cita como la capacidad del componente del tratamiento del mineral de la operación. Por ejemplo, una mina de 3.000 toneladas al día se entiende como una mina que puede procesar hasta 3.000 toneladas diarias de mineral. La razón de esta convención es que el manejo y la concentración del mineral son usualmente las secciones más intensas en cuanto a capital de las instalaciones mineras y, más a menudo que otros, son los factores limitantes finales del resultado.

3) Metal

Esto puede llamarse como el componente de mercado, aunque también puede incluir los procesos de fundición y refinado, así como la venta. Se incurre en los costos por unidad de material y la capacidad asociada es un límite para el resultado del metal. Las refinerías y las fundiciones a menudo imponen este tipo de límite. A veces, los mercados también tienen un límite superior. Este componente es esencialmente el mismo para todos los tipos de minas. La Figura 4.1 resume estas definiciones en formato gráfico.

Es importante darse cuenta de que estas definiciones de los componentes principales de la minería conllevan alejarse notoriamente del uso normal al interpretar ciertas palabras. La razón de esto es la necesidad de

Figura 4.1

	SUBTERRÁNEA	EN SUPERFICIE
MINERÍA	Desarollo y construcción Elevación Corte transversal	Perforación y tronadura Carga Transporte
	Explotación por escalones Transporte subterráneo Izaje	
TRATAMIENTO	Chancado Molino Separación	
MARKETING	Fundición Refinería Venta	

desarrollar un modelo que sea consistente tanto con las aplicaciones subterráneas como con las de superficie, además de acomodar la estructura de tres componentes.

Por ejemplo, en una operación subterránea, la explotación por caserones y el transporte subterráneo se clasificarían normalmente como minería, debido a que son actividades subterráneas que son responsabilidad del departamento de minería. La extracción vertical (izaje) es más dudosa pero, también, se clasifica normalmente como minería. Sin embargo, en este análisis las tres actividades se clasifican como actividades de tratamiento debido a que se ocupan del mineral. El punto es que el material dentro del cuerpo mineralizado solo incurre en costos de explotación por caserones, de transporte subterráneo y de extracción vertical (izaje) si se clasifica como mineral; de lo contrario, usualmente se deja en su lugar original y no se incurre en costos adicionales en relación a él.

El desarrollo o la construcción es normalmente una actividad claramente reconocida como subterránea. Es el proceso de crear un acceso al cuerpo mineralizado y, generalmente, el material no puede ser muestreado adecuadamente para determinar su ley y decidir si será considerado como mineral hasta que se haya logrado tener suficiente acceso a él. Por lo tanto, los costos de desarrollo o construcción en los que se incurre son por unidad de material mineralizado abierto. Los costos de escariado, de construcción de galerías y de explotación por caserones también son, esencialmente, costos de acceso. Aquí, todos se clasifican como costos de minería para mantener la consistencia con las aplicaciones superficiales.

En la jerga de rajos abiertos, la descarga inicial de material estéril (stripping) es el equivalente más cercano a un costo de desarrollo o construcción puro, debido a que se incurre en él solo para obtener acceso al cuerpo mineralizado. Sin embargo, al examinarlo más de cerca queda claro que todas las actividades mineras tienen una función de acceso; incluso cuando el material removido es mineral, su remoción sigue siendo esencial para llegar al material que hay debajo de él. Solo se incurre en los costos de tratamiento cuando el material clasificado como mineral comienza a atraer costos más allá de aquellos en los que se incurre para su desecho. Por ende, prácticamente todos los costos de minería son costos de acceso por unidad de material dentro de la mina y es por esto que el término se ha adoptado en este texto.

Un cuerpo mineralizado es otro término donde la definición requiere de algo de cuidado. Es la envoltura completa dentro de la que se planifica la explotación. En un contexto de rajo abierto, es todo lo que se encuentra dentro de la mina abierta completa. En las minas subterráneas, es la región completa dentro de las concesiones mineras en los que se planifica extender el desarrollo y la construcción. Un cuerpo mineralizado por definición contiene material mineralizado, pero normalmente algo de él será de ley cero, por ejemplo, las sobrecargas y los diques de material estéril, y solo una proporción del material restante probará ser de valor económico y, por ende, será tratado como mineral.

Estas definiciones se han elaborado en extenso porque han probado ser fuente de cierto grado de confusión. La mayoría de los mineros profesionales sabe qué son los costos mineros gracias a sus propias definiciones y no se adaptan fácilmente a la idea de que para las determinaciones de ley de corte, tales costos deberían ser renombrados, en ciertas circunstancias. Aquí, la semántica es el verdadero problema. La realidad práctica es que el desarrollo de un modelo de costo adecuado para una mina requiere de un estudio especial, para determinar los elementos fijos y variables que sean pertinentes para los rangos de variación que se estén estudiando. Para el análisis de ley de corte, los elementos variables, como quiera que se les llame, se deben relacionar con las tres producciones: el material mineralizado, el mineral y el metal.

En general, hay muchos elementos fijos en lo que se reporta como costos de minería, tratamiento o comercialización y estos se deben estimar, separar y agregar con los costos fijos normalmente aceptados como administrativos y como gastos generales. Por supuesto, estrictamente hablando la palabra "fijo", en este contexto, es otro término suelto; tales costos varían en el tiempo y el nombre "costos de tiempo" les es más apropiado.

Una notación conveniente es:

Componente	*Producción*	*Cantidad Básica*	*Costo Variable (/unidad de producción)*	*Capacidad (producción/año)*
Minería	Material Mineralizado	1	m	M
Tratamiento	Mineral	x	h	H
Comercialización	Metal	$xy\bar{g}$	k	K

donde x es la proporción del material mineralizado clasificado como mineral y donde $\bar{g}$ es la ley promedio del metal expresada como una razón entre el contenido de metal por unidad de mineral (metal:mineral).

Otras variables son:

- g ley de corte aplicada al material mineralizado para definir el mineral (coeficiente entre el metal y el mineral).
- y producción del metal en el proceso de tratamiento (100 y%).
- f costos de tiempo por año (a veces llamados costos fijos).
- p precio por unidad de metal.
- c flujo de caja por unidad de material mineralizado.
- τ tiempo que lleva trabajar en una unidad de material mineralizado.

Cualquiera de estos parámetros puede variar de año a año y esta variación se puede representar citando los años como sufijos. También se usan otros sufijos en el texto y su importancia dependerá del contexto.

Al usar esta notación, la fórmula para el flujo de caja que surge de una unidad de material mineralizado es

$$c = (p - k)\, xy\bar{g} - xh - m - f\tau \quad .... \text{(II)}$$

donde τ es el tiempo que lleva avanzar por la unidad. τ depende de cuál de los tres componentes de la operación minera es, en realidad, el limitante de la producción. Entonces, ya hemos examinado tres casos y este es el tema del siguiente capítulo.

Aunque la mayoría de los análisis en el resto del libro se concentra en el modelo representado por la Expresión II, se pueden adoptar otros modelos. La importancia especial de la Expresión II es que es el modelo más simple, que revela los ingresos básicos y la estructura de costos de una operación minera.

A menudo surgen complejidades en la práctica debido a preguntas relacionadas con la asignación de costos capitales y el tratamiento de cargos internos y precios de transferencia. No hay respuestas generales simples a este tipo de interrogantes, pero es importante siempre recordar el propósito del ejercicio que es, como se dijo en la oración de introducción, entregar un medio para el cálculo de los efectos de la realización de cambios en ciertas variables, y no satisfacer ninguna convención contable ni objetivos de gerencia.

Por ejemplo, el capital de reemplazo para una flota de camiones se relaciona claramente al nivel de los movimientos de material en una mina. Por lo tanto, se incorpora de forma más real al costo minero por tonelada al calcular un cargo anual equivalente y al prorratearlo según las capacidades anuales.

Otro ejemplo es un cargo interno por fundición. Si tuviéramos el caso de que un aumento en la producción de concentrado desplazara al concentrado desde otro lugar sobre el que el cargo sí se podría recaudar, entonces la imposición del cargo en un modelo es realista. De lo contrario, es artificial.

Hay muchas variaciones en estos temas que se tienen que tratar según sus propios méritos. El objetivo en cada aplicación debería ser el desarrollo de un modelo que sea fiel a la mina que se está estudiando, ya que los principios del análisis posterior seguirán siendo los mismos.

En el Capítulo 17 se entregan ejemplos breves de algunos modelos diferentes.

CAPÍTULO CINCO

Leyes de corte económicas limitantes

Una vez derivado una expresión que se maximizará para obtener una estrategia operacional óptima para un proyecto, en base a un recurso finito (I), y habiendo derivado una fórmula que relaciona los flujos de caja con las leyes de corte para una mina (II), ahora es posible combinar las dos y citar una expresión para determinar las leyes de corte óptimas.

Es:

$$\text{Máx}_g\{(p-k)\,xy\bar{g} - xh - m - f\tau - \tau(\delta V^* - dV^*/dT)\}$$
$$\text{o Máx}_g\{(p-k)\,xy\bar{g} - xh - m - (f+F)\tau\}$$

Como referencia para el futuro, llamaremos a la expresión entre corchetes como *v*.

$$\text{o sea, } v = (p-k)\,xy\bar{g} - xh - m - (f+F)\tau \;... \text{(III)(III)}$$

Corresponde a *dV*/dR*, la tasa a la que el valor presente cambia con respecto a los cambios en *R*, el recurso disponible.

En esta expresión *x*, el coeficiente de mineral a material mineralizado, y $\bar{g}$, la ley promedio, dependen directamente del corte, *g*. El tiempo *t* también depende de *g*, pero indirectamente, y se deben reconocer tres casos según qué capacidad sea la limitante del producto. Los tres casos dan pie a tres leyes de corte óptimas, que se llaman *leyes de corte económicas limitantes.*

Los datos del Estudio de Caso 3 (página 114) se usan para ilustrar los resultados. La operación en cuestión es una mina de uranio mediana y a rajo abierto. Para hacer más fácil la referencia, las cifras relevantes también se presentan aquí:

Costo variable de la minería	1,32/tonelada de material (m)
Costo variable del tratamiento	$3,41/tonelada de mineral (h)
Capacidad de Minería	12 millones toneladas/año (M)
Capacidad de Tratamiento	3,9 millones toneladas/año (H)
Capacidad de Comercialización	0,9 miles de toneladas/año (K)
Costos fijos	$11,9 millones/año (f)

Precio de costos de Comercialización neto	\$60 por kilo (p)
Recuperación	0,87 (y)
Costo de oportunidad estimado	\$15,2 millones (F)

I) Limitante de Minería

Con la tasa de minería (Mina a *Rajo Abierto*) o la tasa de desarrollo (Mina Subterránea) limitando la producción, la capacidad correspondiente es *M* unidades por año, para que el tiempo para manipular una unidad sea *1/M*. Por ende, la expresión se convierte en

$$\text{Máx}_g\{v_m = (p - k)\, xy\bar{g} - xh - m - (f + F)/M\}$$

Sólo los términos $(p\text{-}k)\ xy\bar{g}\text{-}xh$ varían con *g*, de forma que g_m, el corte óptimo con la limitante minera, esté dado por

$$\text{Máx}_g\{x[(p - k)y\bar{g} - h]\}$$

Aquí, $\bar{g}$ y x se pueden representar con integrales de la función de distribución de ley y el máximo determinado por el cálculo. Sin embargo, es posible ver, debido a la forma de la expresión $x\{(p-k)y\bar{g} - h\}$, que *g* puede reducirse siempre que $(p-k)yg$ sea mayor a *h*.

Por ende, el punto de equilibrio está dado por

$$(p - k)yg_m = h$$
$$\text{o } g_m = h/(p - k)y$$

Este es, efectivamente, el mismo concepto de equilibrio que se usa en otras determinaciones de leyes de corte; el material mineralizado se debería clasificar como mineral siempre que su valor implícito $(p - k)yg$ exceda el costo del procesamiento adicional, *h*.

Hay dos características importantes de la fórmula para g_m.

Primero, significa que el valor implícito del material mineralizado solo necesita cubrir el costo variable del tratamiento (después de la debida tolerancia para el costo de Comercialización, *k*). Los costos de tiempo no son relevantes y tampoco lo es el costo de desarrollo o construcción ni el de minería, porque la fórmula se ha derivado del supuesto de que la decisión de seguir operando más allá del horizonte de tiempo actual ya se ha tomado. Si no fuera así, aplican diferentes consideraciones. Estas se ilustran en el Estudio de Caso 1 (página 106).

En segundo lugar, no involucra ninguna referencia a los valores presentes. Esto quiere decir que una mina limitada por su capacidad de minería o de desarrollo o construcción de esta forma debería operar en una base táctica más que en una base estratégica. No hay una compensación de pérdidas futuras contra las ganancias actuales para modificar las políticas actuales.

Por ejemplo, en una base táctica, si el precio del metal cambia la ley de corte se debería cambiar de la forma que se criticó como ilógica anteriormente; principalmente, a medida que el precio sube, la ley debería bajar. No hay una falta de lógica en este caso, porque una ley menor aumenta la proporción de material mineralizado que clasifica como mineral y, por ende, el total de metal producido; no hay restricciones sobre la capacidad de tratamiento para limitar la producción de mineral adicional. Por lo tanto, el producto aumenta a medida que el precio sube.

Si reemplazamos los datos presentados arriba

$$g_m = 3{,}41/60 \times 0{,}87$$
$$= 0{,}07 \text{ kilo/tonelada}$$

Una ley de corte de 0,07 kilo/tonelada es, realmente, muy baja. Surge porque si la mina está limitada, la planta de tratamiento y el mercado no tienen producción para trabajar, por lo que todo el material posible se clasifica como mineral.

2) Limitante de Tratamiento

Esto es lo que comúnmente pasa con las instalaciones de manipulación de mineral o con la producción restrictiva de la planta concentradora. En este caso, una unidad de material mineralizado da pie a x unidades de mineral y estos toman x/H unidades de tiempo en ser tratados. Por lo tanto, $t = x/H$ y su expresión se convierte en

$$\text{Máx}_g\{v_h = (p - k)xy\bar{g} - xh - m - (f + F)x/H\}$$

Siguiendo el mismo razonamiento anterior, esto es equivalente a

$$\text{Máx}_g\{x[(p - k)y\bar{g} - h - (f + F)/H]\}$$

y g_h está dado por

$$(p - k)yg_h = h + (f + F)/H$$
$$o\ g_h = \{h + (f + F)/H\}/(p - k)y$$

Esto ilustra el punto de que el término del valor presente, $F = \delta V^* - dV^*/dT$, aparece simplemente como un costo de tiempo adicional.

Esta fórmula es muy diferente a cualquier fórmula tradicional debido a la presencia del término *F*, que puede ser muy importante. Vea que la ley de corte se reduce a medida que *F* lo hace, lo que normalmente ocurre a medida que la mina envejece. Esta es una característica particular de las leyes de corte óptimas determinadas usando la teoría actual.

Nuevamente, si reemplazamos los datos presentados arriba

$$g_h = \{3{,}41 + (11{,}9 + 15{,}2)/3{,}9\} / 60 \times 0{,}87$$
$$= 0{,}20 \text{ kilo/tonelada}$$

Esta es una ley de corte mucho más alto que el obtenido cuando la mina es la limitante. Sin el costo de oportunidad, *F*(= 15,2), la fórmula daría

$$g = \{3{,}41 + 11{,}90/3{,}9\} / 60 \times 0{,}87$$
$$= 0{,}12 \text{ kilo/tonelada}$$

Esta cifra es probablemente similar a la entregada por el análisis tradicional de la ley de corte, que no toma en cuenta la maximización del valor presente. La diferencia ilustra el premio asociado a flujos de caja tempranos cuando solo las instalaciones de tratamiento son las limitantes de la producción.

3) Limitante de Mercado

Esta puede ser una restricción genuina del mercado impuesta por, digamos, un contrato de ventas exclusivo o puede ser la capacidad limitante de una refinería o de una fundición. Una unidad de material mineralizado da pie a $xy\bar{g}$ unidades de metal, que toman $xt\bar{g}/K$ unidades de tiempo en ser procesadas o vendidas. Así, la expresión de optimización se convierte en

$$\text{Máx}_g \{v_k = (p - k)xy\bar{g} - xh - m - (f + F)xy\bar{g} / K\}$$

Como antes, esto es equivalente a

$$\text{Máx}_g \{x[(p - k - (f + F) / K)y\bar{g} - h]\}$$

y g_k está dado por

$$\{p - k - (f + F) / K\}yg_k = h$$
$$\text{o } g_k = h/\{p - k - (f + F) / K\}y$$

Esta fórmula, y la anterior, tiene en común la propiedad de que los costos fijos se han distribuido de acuerdo a la capacidad limitante y han sido agregados al costo variable correspondiente: es decir, para el caso con limitante de tratamiento, el costo de tratamiento se convierte en

$$h + (f + F)/H$$

y para el caso con limitante de mercado, el costo de mercado (comercialización) se convierte en

$$k + (f + F)/K$$

Esta última fórmula es nueva en forma, pero propone la misma característica típica de que la ley de corte se reduce a medida que *F* se reduce, debido a que la vida útil restante de la mina se reduce.

Si aplicamos esta fórmula a los datos de la mina de uranio entregados anteriormente, en la página 27

$$g_k = 3{,}41 / \{60 - (11{,}9 + 15{,}2) / 0{,}9\} \times 0{,}87$$
$$= 0{,}13 \text{ kilo/tonelada}$$

Esta menor cifra deriva del hecho de que una limitación de mercado restringe el alcance al que el patrón del flujo de caja se puede ver influenciado por la política de ley de corte.

Para fines ilustrativos, se ha usado el mismo valor para el costo de oportunidad en los tres casos. Esto es artificial, de cierta forma, debido a que los tres supuestos acerca de cuál componente es realmente el limitante en la producción, si fueran aplicados a la vida útil de la operación, daría pie a tres resultados diferentes con costos de oportunidad, a su vez, diferentes. Sin embargo, los $15,2 millones derivados en el Estudio de Caso 3 (página 114) es una cifra típica para una mina de este tipo y su uso da resultados que son realistas y comparables, que revelan los efectos profundos que las capacidades tienen en las determinaciones de las leyes de corte.

Ninguna de estas fórmulas hace referencia directa a las leyes de materiales que están realmente presentes en el cuerpo mineralizado y tampoco lo hacen otras fórmulas de equilibrio. Una ley de corte se calcula en referencia solo a los costos, precios y capacidades sin realmente poner atención a la forma en la que las leyes varían realmente dentro del cuerpo mineralizado que se está explotando.

Esta característica, aunque es bien aceptada dentro de la industria, es, sin embargo, intuitivamente poco probable. Ciertamente la ley de corte debe, en general, depender de la distribución de la ley en particular del cuerpo mineralizado que se está considerando, ¿o no? La respuesta, en general, es sí y la forma en que esta distribución real de la ley mineralizada afecta a la ley óptima de corte es el tema a tratar en el siguiente capítulo. Sin embargo, en la situación particular donde solo un componente del sistema minero limita la producción, el hecho es que la distribución real de la ley no es directamente pertinente.

La aplicación de estas fórmulas de leyes de corte económicas limitantes se ilustra en los tres primeros Estudios de Caso. El segundo y el tercero requieren de estimaciones de valores presentes. Este tema se aborda en el Capítulo 8 pero, para fines de los Estudios de Caso, se han obtenido estimaciones adecuadas de formas simples, pero no poco realistas.

Una reserva muy importante acerca de la aplicación de estas fórmulas y, de hecho, acerca de la aplicación de cualquier otra fórmula de equilibrio es que aplican a leyes reales, a medida que ocurren en la tierra. Estas no son necesariamente idénticas a las leyes medidas para la implementación de una decisión sobre leyes de corte. Es común suponer que lo sean, pero no es algo que sea válido generalmente. Por ejemplo, se puede ejercer un control de leyes en base a un metal, aunque el valor del metal pueda estar compuesto de varios metales y, además, puede llevar a errores importantes en la medición de las leyes. Estas dos cosas resultan en discrepancias entre el límite teórico entre el mineral y el estéril, dado por la fórmula de equilibrio, y la separación real lograda en la práctica por la imposición de la ley de equilibrio como una ley de corte operacional. En estas circunstancias, la ley de corte operacional se conoce como un corte paramétrico, porque está indirectamente relacionada con la ley real. Las leyes de corte económicas limitantes aún existen, pero se deben calcular con cuidado. Este tema se aborda en mayor detalle en el Capítulo 11.

Otra reserva es que las fórmulas dependen de la forma de la Ecuación II. Un modelo diferente, que dé pie a una ecuación diferente, generalmente tendrá máximos determinados por diferentes fórmulas que se tienen que derivar especialmente para cada caso. Si esto probara ser difícil debido a la forma de la ecuación, los máximos siempre se pueden encontrar usando un proceso de búsqueda. La posibilidad se menciona en varios contextos y también se describe en el Capítulo 11. En el Capítulo 17 se entrega un ejemplo de diferentes fórmulas de maximización.

CAPÍTULO SEIS

Leyes de corte de equilibrio

En el capítulo anterior se consideraron casos donde un componente limitaba la producción del sistema minero. En estos casos, se mostró que la ley de corte óptima está únicamente determinada por factores económicos y se le llamó ley de corte limitante. Eso sí, en general en cualquier sistema con varios componentes, ningún componente independiente es limitante. En estos casos se dice que dos, y a veces los tres componentes, están en equilibrio.

Los factores que determinan el uso relativo de las capacidades en un sistema minero son la distribución de la ley del material que se está explotando y la ley de corte que se aplica a ese material minado.

Una ley de corte baja implica que la mayor parte del material que se está desarrollando y al que se accede se trata como mineral. La recuperación del metal desde el cuerpo mineralizado total es alta, porque muy poco de él se clasifica como estéril, pero la ley promedio del material explotable es baja. Por ende, la cantidad de metal obtenido desde un alcance dado de desarrollo es alta, pero la producción de metal desde una producción dada del mineral es baja.

Una ley de corte alta implica una alta selectividad en la minería, que requiere de una alta tasa de desarrollo para mantener un nivel dado de alimentación del mineral. La recuperación de metal desde un alcance dado de desarrollo es comparativamente menor, porque las leyes de mineralización más bajas se clasifican como estéril, pero la ley promedio del mineral es alta, por lo que la producción de metal desde una producción dada del mineral es alta.

Las leyes de corte intermedias dan pie a posiciones intermedias y, en general, son valores a los que las capacidades se utilizan completamente en pares. Estas reciben el nombre de leyes de corte de equilibrio. Así, las capacidades existentes en el sistema minero limitan el rango de leyes de corte posibles y, por ende, incidirán efectivamente en la elección a tomar. Para ver más claramente cómo esto ocurre, el concepto de leyes de corte de equilibrio se debe examinar en mayor detalle.

La ilustración más simple del concepto, quizás, es la entregada por la operación de una mina de rajo abierto basada en un cuerpo mineralizado diseminado. El material mineralizado consistirá de un rango de leyes que, en la práctica, habrá sido estimado para un incremento minero que cubre al menos varias semanas en el futuro mediante un proceso de muestreo, probablemente un muestreo del pozo de tronadura. Se puede construir una distribución de ley para este material muestrado al calcular las proporciones que exceden un rango de límites de leyes. El resultado es un gráfico llamado *Distribución de Leyes Acumulativas*, que tiene la forma que se muestra en la Figura 6.1. Obviamente, 100% del material excede una ley de cero, pero la proporción se reduce de forma constante a medida que el límite de la ley aumenta desde este valor.

Un rajo abierto tiene una capacidad máxima para mover el material, impuesta por el tamaño de su flota de camiones y de la cantidad de palas y de perforadoras disponibles. Es las unidades *M* por año. De manera similar, la planta de tratamiento tiene una capacidad de manejo máxima para manejar el mineral, *H* unidades por año. Por lo tanto, estos dos componentes se equilibrarán cuando la cantidad de mineral que surja de una cantidad dada de material mineralizado esté en el coeficiente de *H:M*; en otras palabras, el coeficiente mineral:metal es *H/M*.

Volviendo al gráfico de la Distribución de Leyes Acumulativas, como se reduce constantemente debe haber un punto a lo largo de su extensión en el que la proporción del material mineralizado por sobre la ley correspondiente iguale exactamente al coeficiente *H/M*. La ley, en este punto, se llama ley de corte de equilibrio de la mina/planta de tratamiento, g_{mh}, porque operar a este ley de corte mantiene los dos componentes a una capacidad total, simultáneamente, y que se ilustra en la Figura 6.1

Los mismos resultados de muestra permiten el cálculo no solo de las proporciones del material mineralizado por sobre un rango de límites de leyes, sino que también de los contenidos recuperables del metal de estas proporciones. Este gráfico toma una forma similar al de la **Figura 6.2**. Nuevamente, el gráfico se reduce de forma constante porque dentro de una cantidad dada del material mineralizado, mientras más alto sea el límite de la ley, menos metal podrá excederlo. (El contenido metal total no se debería confundir con el contenido metal promedio. La

Figura 6.1

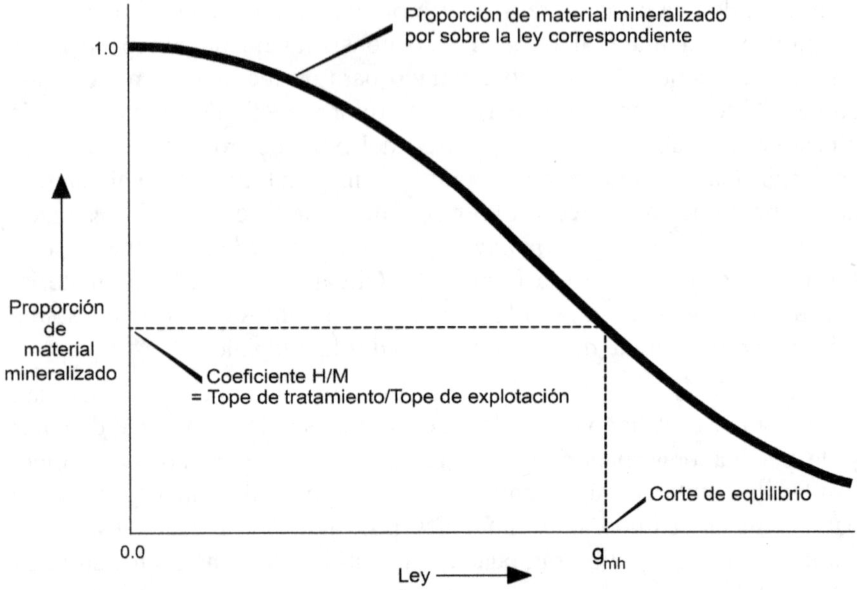

Figura 6.2

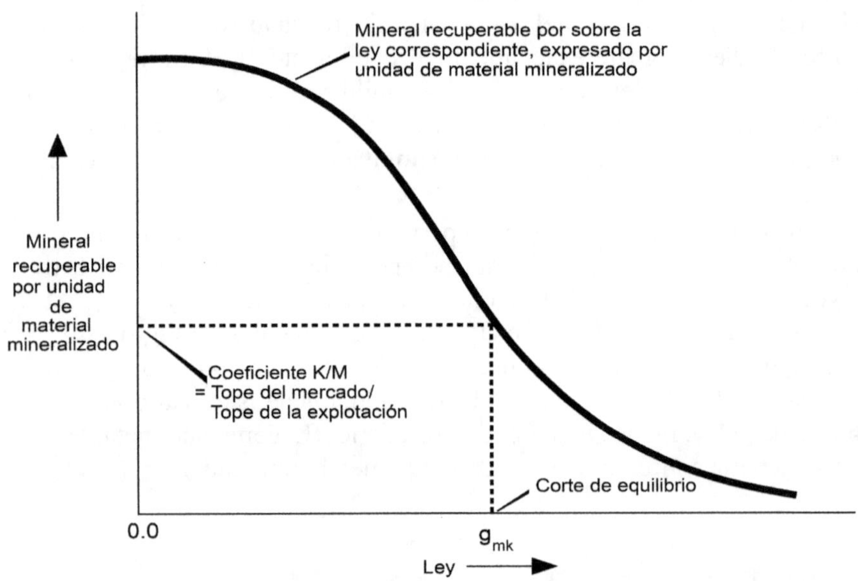

Figura 6.3

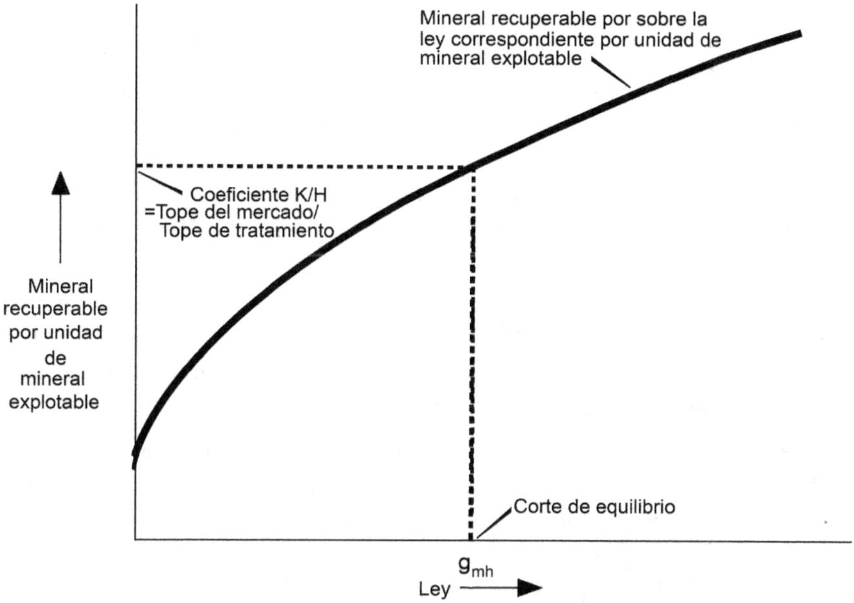

Mineral recuperable por unidad de mineral explotable, como función de la ley.

última aumentará a medida que el límite de la ley aumente). Si la capacidad del mercado es de *K* unidades por año, luego el mercado y la mina se equilibrarán cuando el metal recuperable por unidad explotada sea igual al coeficiente *K/M*. Esto es siguiendo la ley de corte de equilibrio mina/mercado, g_{mb}, que también se muestra en la Figura 6.2.

El gráfico del coeficiente entre el contenido de metal y la proporción del material mineralizado por sobre un rango de límites de leyes es, efectivamente, un gráfico de leyes de cabeza promedio, donde la diferencia es la incorporación de un factor de recuperación. En este caso, como se mencionó en el párrafo anterior, el gráfico aumenta de forma constante, como se ve en la Figura 6.3. Cuando el gráfico logra el coeficiente *K/H*, la planta de tratamiento y el mercado están en equilibrio y la ley correspondiente a la que esto ocurre es la ley de corte de equilibrio planta de tratamiento/mercado, g_{kh}.

La determinación de las leyes de corte de equilibrio en un caso particular se logra de mejor forma, en la práctica, al tabular los datos de distribución de la ley para el incremento de planificación minera pertinente y al extenderla con columnas de coeficientes y valores acumulativos. Los puntos de equilibrio pueden, entonces, encontrarse frecuentemente a través de la inspección. Los cálculos detallados se ilustran en el ejemplo incluido en el Estudio de Caso 3 (página 114).

Las minas que operan con más de un componente del sistema a su capacidad son la regla, más que la excepción. La mayoría de los operadores mineros saben que la capacidad de funcionar a régimen mínimo usualmente involucra algunos costos por lo que, en la medida de lo posible, los planes se moldean para explotar completamente las capacidades disponibles.

Si esto probara ser difícil de hacer en el tiempo, frecuentemente se preparan, y comúnmente se implementan, propuestas de capital para expandir el componente restrictivo debido a las ventajas que surgen de eliminar un cuello de botella a un costo capital marginal.

El papel del ley de corte como un parámetro de equilibrio es, de hecho, entendido, pero no usualmente admitido. Pareciera ser que la razón es que el ley de corte se considera, de forma correcta, como un parámetro estratégico y, como consecuencia, las gerencias son reacias a usarlo con fines tácticos. En vez de eso, los planes son reelaborados, incluyendo o excluyendo el mineral dudoso según sea necesario, hasta que se obtiene un equilibrio satisfactorio. Esto implica un cambio en la ley de corte, aunque no se reconozca este hecho.

Las leyes de corte de equilibrio realmente tienen tanto elementos estratégicos como tácticos. La estrategia es el nivel promedio que logra un equilibrio, a largo plazo. La táctica son los cambios semana a semana, o mes a mes, que se consideran necesarios para acomodar las variaciones a un plazo más corto en el material mineralizado que está disponible para ser minado. Una función de la planificación minera es el desarrollo de planes que ponen en orden tales variaciones a corto plazo, en el interés de un funcionamiento eficiente y sin problemas de la mina, pero los cuerpos mineralizados no están siempre dispuestos a esto. En otras palabras, las leyes de corte de equilibrio son parámetros dinámicos que dependen de la distribución de la ley en el material mineralizado que está disponible para ser minado, en cualquier punto en el tiempo.

CAPÍTULO SIETE

Leyes de corte óptimas y efectivas

La tarea de encontrar un óptimo a llevado a una cantidad enorme de leyes de corte... seis, de hecho. Hay tres leyes de corte económicas limitantes y tres leyes de corte de equilibrio, que corresponden a tres posibles parejas de componentes limitantes del sistema de minería.

La multiplicidad de competidores por el título de óptimo efectivo es, por supuesto, una consecuencia de la forma del modelo económico, que da pie a seis posibilidades diferentes, pero solo una de ellas es posible bajo cualquier conjunto de condiciones operacionales dado. Frecuentemente, la posibilidad factible es aparente desde la estructura de la aplicación, pero este no es siempre el caso y se requiere de un procedimiento lógico para identificar la correcta.

La mejor forma de examinar las interrelaciones de las seis leyes de corte es calcular la variable *v*, que fue presentada en el Capítulo 5. Esta variable *v* es realmente la tasa de cambio de *V**, el valor presente óptimo, con respecto al uso del recurso *(dV*/dR)*. En otras palabras, es el incremento en el valor presente por unidad de recurso utilizada que se tiene que maximizar para poder determinar la ley de corte óptima. La fórmula es

$$v = (p - k)xy\bar{g} - xh - m - (f + F)\tau$$

v toma tres formas, según la determinante de τ

$$v_m = (p - k)xy\bar{g} - xh - m - (f + F) / Mv_m = (p - k) - xh - m - (f + F) / M$$
$$v_h = (p - k)xy\bar{g} - x\{h + (f + F) / H\} - m$$
$$v_k = \{p - k - (f + F) / K\}xy\bar{g} - xh - m$$

Los gráficos de las tres formas de *v* como función de la ley de corte, *g*,

Figura 7.1

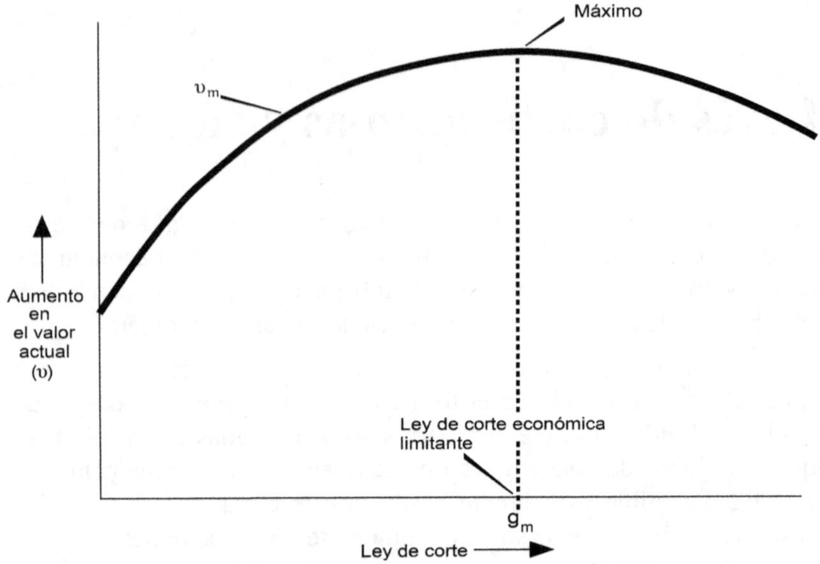

Incremento del valor actual versus ley de corte
Componente único (M); Óptimo económico limitante

Figura 7.2

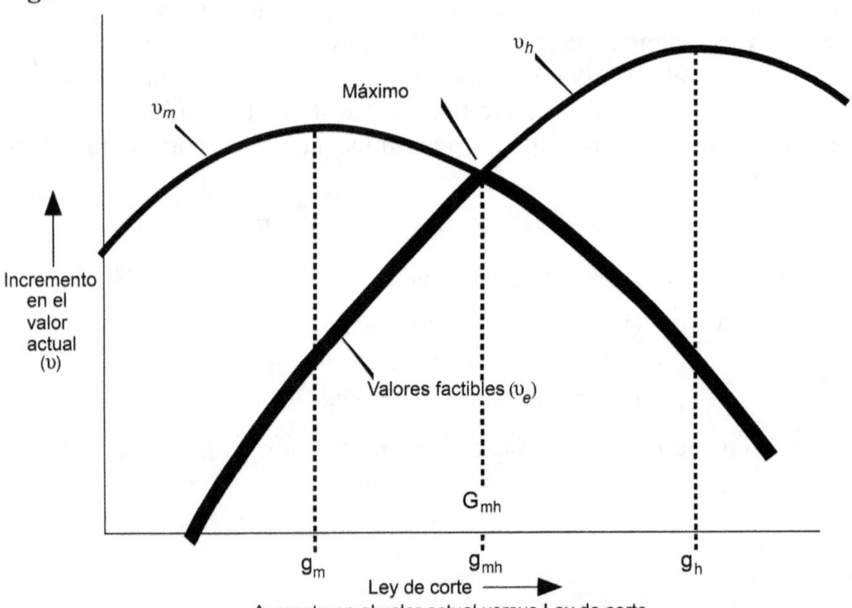

Aumento en el valor actual versus Ley de corte
Dos components (M & H); Óptimo de equilibrio

son similares, convexos hacia arriba con un solo máximo. Este máximo corresponde a la ley de corte económica limitante para el componente en cuestión, que se ilustra en la Figura 7.1. Si los gráficos de las dos formas de *v* se superponen, entonces la imagen es como la que se ve en la Figura 7.2. Las dos formas en este caso corresponden a la mina y a la planta de tratamiento. La intersección de estos dos gráficos está dada por

$$v_m = v_h v_m = v_h$$

que se reduce a

$$x = H/M$$

Esto quiere decir que el punto de intersección corresponde a la ley de corte de equilibrio, g_{mh}. Además, se puede mostrar fácilmente, al usar las fórmulas, que para los valores de corte menores a g_{mh}, el componente de tratamiento es limitante y que para valores superiores a g_{mh}, el componente minero es limitante. En otras palabras, la forma factible de *v*, en cualquier ley de corte, es siempre la menor de las dos curvas y esto se muestra como una línea en negrita en la Figura 7.2. El valor máximo factible de *v* en la figura ocurre en el punto de intersección, g_{mh}. Sin embargo, este no es siempre el caso y se deben examinar dos casos más. Estos, también, se ilustran mejor gráficamente y se muestran en la Figura 7.3 y en la Figura 7.4, presentadas al dorso.

La Figura 7.3 muestra que cuando la ley de corte de equilibrio g_{mh} es menor a g_m, la mina es realmente el cuello de botella de la operación y g_m es la ley de corte óptima. Por otro lado, como se ve en la Figura 7.4, cuando $g_m h$ es mayor a g_h, la planta de tratamiento es el cuello de botella y g_h es la ley de corte óptima.

Así, se puede formular la siguiente regla para una operación limitada por la mina y por la planta de tratamiento. A la ley de corte óptima y efectiva la llamaremos G_{mh}.

Mina y Planta de Tratamiento

$$\begin{aligned} G_{mh} &= g_m && \text{si } g_{mh} < g_m \\ &= g_h && \text{si } g_{mh} > g_h \\ &= g_{mh} && \text{en caso contrario.} \end{aligned}$$

De forma similar, al considerar los otros pares de etapas:

Figura 7.3

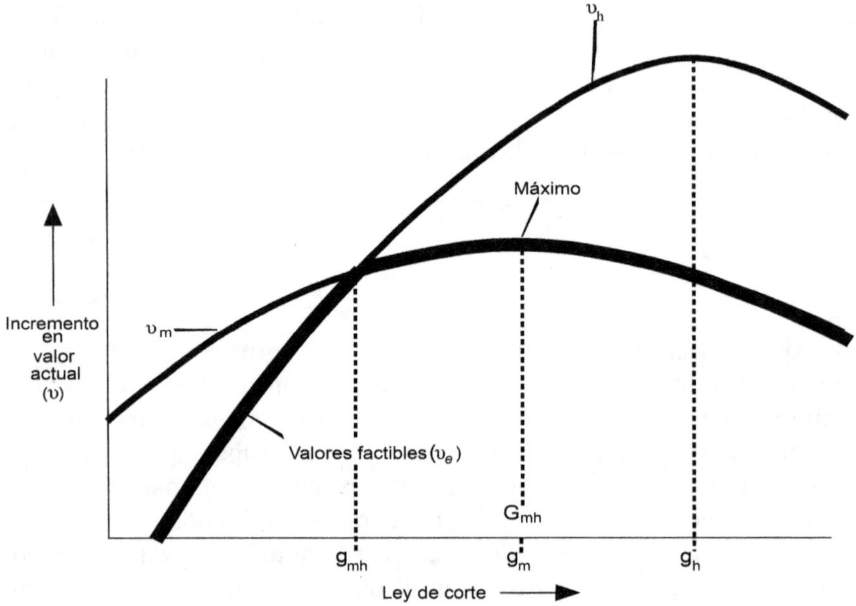

Incremento en valor actual versus Ley de corte
Dos components (M & H); Óptimo de equilibrio

Figura 7.4

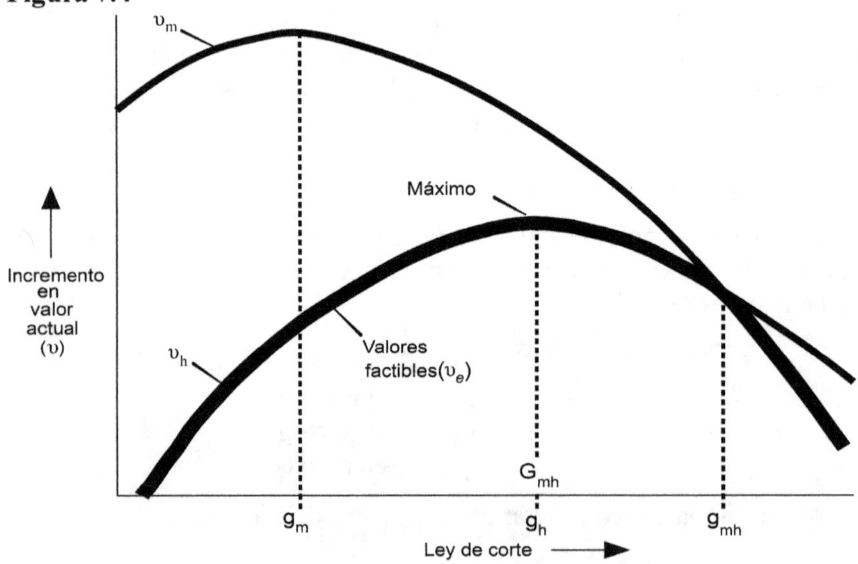

Incremento en valor actual versus Ley de corte
Dos components (M & H); Óptimo de equilibrio

Mina y Mercado

$$
\begin{aligned}
Gmk &= g_m && \text{si } g_{mk} < g_m \\
&= g_k && \text{si } gmk > g_k \\
&= g_{mk} && \text{en caso contrario.}
\end{aligned}
$$

Planta de Tratamiento y Mercado

$$
\begin{aligned}
Ghk &= g_k && \text{si } g_{hk} < g_k \\
&= g_h && \text{si } g_{hk} > g_h \\
&= g_{hk} && \text{en caso contrario.}
\end{aligned}
$$

La ley de corte óptima y efectiva en general ahora es una de las tres: G_{mh}, G_{mk} y G_{hk}. Nuevamente, la posición se puede ilustrar gráficamente, como se ve en la Figura 7.5 al dorso.

El incremento mayor en el valor presente que se puede lograr en cualquier ley de corte, que permita tener restricciones de capacidad, es realmente el menor de v_m, v_k y v_h. Esto es representado por los tres segmentos curvos que se muestran con las líneas en negrita de la Figura 7.5. La ley de corte óptima, obviamente, corresponde al punto más alto en estos segmentos y se puede mostrar que siempre ocurre en el valor medio de G_{mk}, G_{mh} y G_{hk}.

o sea, la Ley de Corte Óptima y Efectiva G

$$= \text{Valor Medio } (G_{mk}, G_{mh}, G_{hk})$$

En el caso ilustrado en la Figura 7.5 es G_{mk}. Además, el incremento asociado con el valor presente v es siempre el menor de los tres incrementos posibles, si se consideran las etapas en pares. El segundo resultado es obvio; no puede ser posible que la imposición de una tercera restricción sobre la capacidad mejore la posición. El primer resultado se vuelve aparente al enumerar las posibilidades.

El punto más alto en los tres segmentos no necesita estar en uno de los vértices, como en el diagrama. Dependiendo de las posiciones relativas de las tres curvas de valor presente progresivo, puede estar en uno de los puntos máximos en g_m, g_k o g_h. Según estas circunstancias, la capacidad total está limitada por esa sola etapa y dos de los valores asociados de G_{mh}, G_{mk} y G_{hk} coinciden. La Figura 7.6 ilustra esta posición. Aquí, G_{mh} y G_{hk} coinciden en g_h. Este es el óptimo efectivo y la planta de tratamiento sola limita la capacidad. El Estudio de Caso 3 (página 114) ilustra la aplicación de estas ideas.

Figura 7.5

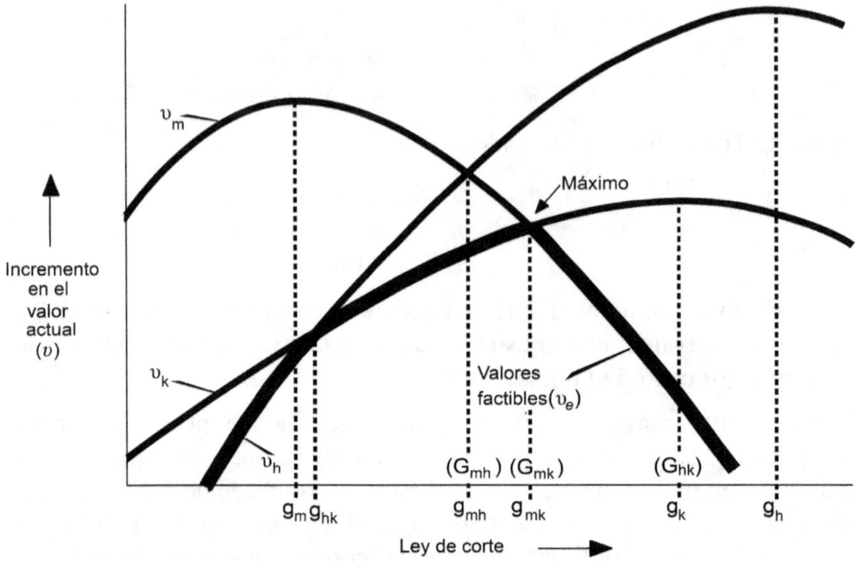

Incremento en el valor actual versus Ley de corte
Tres components, Máximos individuales en pares

Figura 7.6

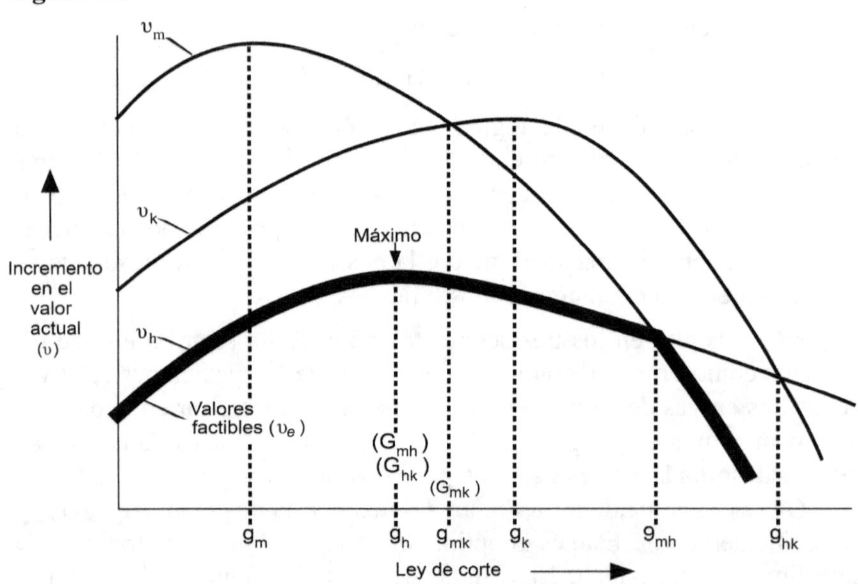

Incremento en el valor actual versus Ley de corte
Tres components; Dos máximos coincidentes en pares

El método de primero determinar las leyes de corte económicas limitantes y, luego, las leyes de corte de equilibrio para llegar a un corte óptimo y efectivo, se ha descrito en detalle debido a los conocimientos que estos entregan sobre los factores que influyen en el óptimo. Se pueden usar otros métodos más directos y, a veces, hacerlo es necesario, como cuando los máximos del modelo económico no se pueden ubicar por medios simples. Ya se ha mencionado un método alternativo: una técnica de búsqueda, que se describe en el Capítulo 11.

CAPÍTULO OCHO

Pronósticos económicos

Los capítulos anteriores han demostrado que la definición económica del mineral depende de los valores presentes de los precios, de los costos y de los desempeños, y de dos términos que son influenciados por los valores futuros de estos parámetros: el valor presente de la operación y la tasa de cambio de este valor presente en el tiempo.

Si el propósito del análisis está confinado a determinar la ley de corte óptima actual, entonces solo se requieren los valores presentes de estos dos términos. Como ambos solo pueden ser estimaciones, dependientes de las proyecciones futuras, cualquier método razonable de aproximación se puede usar para obtener valores satisfactorios.

En compañías más grandes puede haber un economista con la responsabilidad de establecer pronósticos de precios a corto y largo plazo. También puede haber un departamento de planificación que monitoree los costos y los desempeños en contra de un presupuesto: es incluso posible que el departamento tenga un plan implementado a cinco años para la planificación a un plazo más largo. Estas cifras se deberían tomar como la base para la estimación del valor presente, extendiéndose hacia el futuro repitiendo el último año, o el promedio de los últimos tres años, o lo que sea considerado como un año típico.

Es usualmente más simple y satisfactorio suponer precios y costos estables más allá de cierto horizonte de tiempo. Sin embargo, algunas compañías tienen la política de escalar las estimaciones y es importante tener consistencia entre políticas de corte en áreas relacionadas por lo que, en tales casos, se debería incluir el escalamiento. El resto de la vida útil de la operación es usualmente bien conocida, si no es que además se ha publicitado mucho.

No es poco común que el futuro más allá de cierto punto en el tiempo sea demasiado incierto como para justificar cualquier estimación detallada. Los metales para los que haya un exceso de suministro, pero que se venden actualmente según contratos fijos, son ejemplos de esto. En estas circunstancias, el equivalente de la tasación de un director puede ser la mejor cifra que se puede usar, si es que se puede obtener una. Esto se asume como cierto en el Estudio de Caso 3 (página 114). (Por supuesto, es siempre posible tomar varios valores para ver si es que el supuesto tiene mucho efecto sobre el corte). A veces, una estimación reciente del valor presente ya se habrá hecho con algún otro propósito, por ejemplo, una presentación ante un banco para solicitar financiamiento adicional usualmente requeriría de una tasación; así, también, lo haría una revaluación del valor de la compañía para un trato de algún tipo. Esto se ilustra en el Estudio de Caso 2 (página 110).

La estimación de la tasa de cambio del valor presente con el tiempo requiere de una segunda estimación del valor presente, principalmente, el valor presente como sería en el transcurso de un año si las reservas se fueran a mantener inalterables. Es poco práctico y poco realista realizar supuestos sobre este término. En general, el único tipo de pronóstico que se puede realizar con alguna confianza involucra solo un movimiento de precio significativo. Por ejemplo, el precio actual se puede considerar como bajo y el pronóstico puede visualizar un aumento en algún momento en el futuro para llegar a un nivel estable y a largo plazo. El impacto de tal pronóstico en el valor presente se puede calcular mediante un ajuste al primer año; el valor presente en el transcurso de un año es el mismo que el valor presente ahora, con la excepción de la pérdida o ganancia de ingresos como consecuencia del movimiento de precios. De hecho, para supuestos más complejos de precio y costo, es a menudo aún posible obtener supuestos lo suficientemente buenos sobre el valor presente a un año desde ahora, mediante la realización de los ajustes adecuados al valor presente ahora. Esto se ilustra en el Estudio de Caso 2 y 3.

Para aplicaciones menos sofisticadas, los problemas con los pronósticos y las estimaciones son usualmente más simples debido a que no existe el mismo marco establecido de convenciones y procedimientos a seguir. Un flujo de caja anual típico se puede establecer y tomar como una constante para el futuro. Las tablas de descuento dan una estimación del valor presente y un solo ajuste a un movimiento de precio da una estimación modificada para un año desde ahora, que es la técnica que se usa en el Estudio de Caso 4 (página 119).

Sin embargo, si se va a seguir un análisis más ambicioso, por ejemplo, para determinar una política de corte completa para el resto de la vida útil de la mina, entonces las estimaciones de los términos del valor presente se requieren para cada año involucrado y, obviamente, estas estimaciones deben ser consistentes entre sí. Esto quiere decir que los datos detallados de precio, costo y desempeño deben estar disponibles para cada año, así como los datos sobre la disponibilidad del material mineralizado. Estos datos se usan como base para el cálculo de los flujos de caja anuales que, a su vez, entrega las estimaciones del valor presente.

Este es un procedimiento complejo, y no lo es menos debido a que los flujos de caja dependen de las leyes de corte que son, a su vez, dependientes de los valores presentes, problema que ya se mencionó en el Capítulo 3. Este ciclo aparente se puede romper usando una técnica matemática de aproximaciones sucesivas, que se describe en el Capítulo 10.

Una política de corte completa es instructiva, aunque esté compuesta solo por estimaciones que tendrán una incertidumbre cada vez mayor a medida que avanzan en el futuro. Revela los factores que pueden influir en el corte en diferentes momentos, además de mostrar tendencias. Por lo tanto, es valiosa para la planificación futura y es particularmente importante durante el estudio de factibilidad y las etapas de desarrollo inicial de una nueva operación. Las políticas de corte completas se calculan en los Estudios de Caso 4, 6 y 7.

Hay otro parámetro económico que es importante: el costo de capital o la tasa de descuento. Usualmente, esto se estima desde los datos del mercado bursátil relacionados con el desempeño histórico de las compañías en una línea de negocios comparable a la que se esté estudiando. Nuevamente, en compañías más grandes, es muy probable que las cifras estén fácilmente disponibles y que la única pregunta pueda ser cuáles son las más adecuadas para el fin en cuestión. En compañías más pequeñas, es menos probable que este sea el caso.

Las ideas han cambiado con el pasar de los años, pero como pauta, y a grosso modo, 10% se toma comúnmente para proyectos metálicos base de gran tamaño y bien investigados. Cifras mucho menores son consideradas como apropiadas para los metales preciosos, en particular para el oro, y cifras mayores para proyectos con riesgos más grandes. Estas cifras son posteriores al impuesto, pero las optimizaciones de la planificación, al menos en las etapas tempranas, casi siempre se realizan antes de la aplicación del impuesto porque las leyes tributarias no se pueden reducir fácilmente a solo fórmulas. Esto plantea la polémica pregunta sobre la equivalencia entre las tasas de descuento antes y después del impuesto.

En el caso simple del interés de un préstamo, la equivalencia es clara

% Antes del impuesto (1 – tasa de impuesto) = % Después del impuesto

pero esto supone que no hay concesiones capitales. Donde las concesiones capitales estén disponibles inmediatamente y se puedan usar, los flujos de caja después del impuesto son una proporción directa de los flujos antes del impuesto, de forma que

% Antes del impuesto = % Después del impuesto

En la práctica, las concesiones son complejas y una equivalencia no es obvia. De hecho, no hay una buena razón para suponer incluso que siempre existe una equivalencia aproximada, por lo que caso se tiene que examinar según sus propias características.

En vista de todas las incertidumbres, no es de sorprenderse que la concesión común sea, para nosotros, una tasa de descuento antes del impuesto de entre 10% y 12% para aplicaciones importantes de estudios de factibilidad.

Se supone que todas las cifras se basan en términos reales, sin inflación o escalamiento. Es casi una práctica universal, para fines de planificación, asumir que cualquier inflación de precios y costos se contrarrestará, por lo que no se tiene que hacer una concesión explícita en los pronósticos de los flujos de caja.

La tasa de descuento es un parámetro que puede variar para cambiar el objetivo de la optimización en circunstancias particulares. Por ejemplo, una tasa de descuento de 0% maximizará el flujo de caja total de la operación. En contraste, una tasa de descuento muy alta maximizará el flujo de caja a corto plazo. Puede haber razones tácticas para la adopción de objetivos modificados de este tipo.

CAPÍTULO NUEVE

Estimaciones de reservas mineralizadas

En general, la determinación de leyes de corte óptimas y efectivas requiere de información acerca de la distribución de la ley dentro el material mineralizado que está disponible para ser minado. Como ocurre con la estimación del valor presente, este es un requerimiento comparativamente fácil de satisfacer si el propósito del análisis está limitado a determinar solo la ley de corte óptima actual; es mucho más difícil y complejo y el propósito es determinar una política de corte óptima para varios años.

El asunto completo de la estimación de reservas a largo plazo es enorme y ha recibido mucha atención dentro de la industria por muchos años. Se han escrito muchos libros acerca de esto y, además, la ciencia de la geoestadística ha entregado una base teórica para mucho del trabajo reciente que antes hacía falta. Sin embargo, las estimaciones de reservas mantienen un gran elemento de arte y cada depósito tiende a tener sus propias características únicas, que solo se entienden gradualmente a medida que se adquiere experiencia sobre el depósito. En general, el asunto está más allá del alcance de este libro, pero ciertos aspectos son particularmente importantes en relación a las determinaciones de las leyes de corte.

La práctica normal y prudente es tener un suministro del mineral desarrollado (expuesto) y disponible para ser minado en todo momento, al menos para varios meses. Usualmente, este material ha sido bien muestreado y hay información bastante detallada en los registros relacionada al tonelaje y a las leyes. Esta información es necesaria para fines de planificación de la mina a corto plazo y la misma información se requiere para el cálculo de las leyes de corte de equilibrio, como se describió en el Capítulo 6. Esto es usualmente suficiente para la determinación de un corte óptimo actual, como se ilustra en los primeros cuatro Estudios de Casos. Sin embargo, más allá de esto la cantidad de información registrada sobre el mineral potencial en el futuro más distante varía mucho entre una mina y otra. Algunas minas son cuerpos mineralizados regulares y consistentes, por lo que el espectro de leyes disponibles cambia muy poco de año a año; ejemplos de eso son ciertas minas de oro sedimentario. Otras minas tiene tal tamaño e importancia que se han comenzado programas de perforación extensivos y se han desarrollado planes detallados de largo alcance para garantizar que la producción pueda continuar a niveles satisfactorios en el futuro; ejemplos de esto son las grandes minas de pórfido cuprífero. Aún así, hay otras minas que están sobre depósitos completos, con estructuras discontinuas que son difíciles de predecir.

Sin embargo, independiente de la naturaleza de la mineralización, la determinación de una política de corte para varios años en el futuro se puede realizar sin tener ninguna descripción de las distribuciones de leyes que es probable que se encuentren durante los años en cuestión. Esto quiere decir que tanto planes mineros de largo plazo o alguna base estadística sirven para extrapolar desde los resultados actuales y pasados.

Por supuesto, no se puede esbozar un plan minero sin tener algunos supuestos anteriores acerca de las leyes de corte, pero esto es más un problema aparentemente teórico que una dificultad real en la práctica. La planificación minera es un proceso en el que se elaboran y reelaboran datos. Es posible tomar cualquier valor inicial prudente y, luego, refinarlo repetidas veces hasta que los planes sean aceptables. (Esto usualmente implica repetirlos hasta que no haya ninguna forma aparente de lograr ninguna mejora adicional). Las leyes de corte son solo un elemento en este proceso, que se preocupa de la progresión óptima a través del cuerpo mineralizado.

Los planes son, naturalmente, menos confiables mientras más se extiendan en el futuro, pero el efecto del descuento reduce las consecuencias de esto en los valores de corte actuales. Tener planes detallados para los primeros dos a tres años es importante, como también lo es tener los planes aproximados para los siguientes cinco años; más allá de esto, usualmente basta con tener cifras aproximadas.

Las cifras de las reservas mineralizadas que se requieren para un análisis de corte son estimaciones de tonelajes y de leyes, que se lograrán como resultado del trabajo a diferentes valores de corte operacionales. La palabra crucial aquí es "operacional" y a este respecto hay dos consideraciones importantes.

La primera es la selectividad. Los diferentes métodos de minería logran diferentes grados de selectividad entre el mineral y el estéril. Por ejemplo, palas y camiones pequeños pueden discriminar entre el mineral y el estéril de forma más fina que lo que se puede hacer con los de mayor tamaño. De forma similar, la explotación subterránea por caserones y a escala pequeña da pie a una menor dilución de la que se obtiene con métodos de hundimiento de bloques a gran escala. Por lo tanto, los datos de la distribución de la ley deben estar relacionados al nivel real de selectividad que se puede poner en práctica con los equipos que se usarán. La geoestadística entrega una base para la modificación de las distribuciones, para permitir que haya diferentes tamaños de unidades de minería.

La segunda es la precisión de las mediciones de leyes para el control de ellas. Debido a que el muestreo y las pruebas involucran errores estadísticos, algunos materiales se pueden clasificar mal; es probable que se rechace mineral como estéril y viceversa. Este efecto se examina en mayor detalle en el Capítulo 12. Donde sea razonablemente posible, también se debería integrar en los datos de distribución de leyes. En otras palabras, la distribución de la ley debería consistir de estimaciones de los tonelajes y las leyes que se lograrán al operar a diferentes leyes de corte, independiente de la ocurrencia real de las diferentes leyes en el cuerpo mineralizado.

Generalmente, el efecto de la mala selectividad y de las malas mediciones de la ley para el control de esta será producir más mineral a una ley menor a la predicha. Lamentablemente, esta es una característica común de varias minas. Una herramienta poderosa para analizar estos efectos y para evaluar los méritos de los procedimientos alternativos de muestreo es la simulación condicional, que es una herramienta elaborada, pero que reproduce de forma realista el tipo de variaciones que son inherentes dentro del depósito.

Una confusión popular en relación a las reservas mineralizadas es que el corte determina directamente qué partes de un cuerpo mineralizado se deberían explotar. El supuesto es que cualquier parte del cuerpo que esté sobre el corte se debería identificar como mineral, pero esta interpretación no es siempre correcta. Para recapitular, el corte es un criterio operacional que se aplica en el punto de explotación. Si es que un área en particular se deba explotar o no es una pregunta que solo se puede responder usando un análisis económico independiente, que tome en cuenta la ley promedio de cualquier material mineralizado por sobre el corte y que lo pondere contra los costos adicionales. Por ejemplo, el material dentro de una mina de rajo abierto establecida y definitiva será minado y tratado como mineral si está por sobre el corte actual al momento de ser minado. Sin embargo, el material en la pared que esté por sobre el corte solo se explotaría si se pudiera mostrar que la ley promedio y el tonelaje de tal material al menos cubriría los costos del "stripping". Si lo hace, la forma del rajo final se redefiniría para incluir el material adicional. Esta debería haber sido la base sobre la que el rajo final se determinó al comienzo. De manera similar, una ley de corte subterránea solo determina si el panel o los caserones se explotan una vez que haya sido desarrollado. Si es que vale la pena desarrollarlo o no solo se puede decidir a través de un análisis económico del costo del desarrollo y de la minería, versus la ley promedio y el tonelaje dentro de la explotación por caserones.

Es conveniente presentar los datos de la reserva en la forma de una tabla, que muestre las categorías de las leyes en un lado y los incrementos mineros en el otro. (Se incluyen tablas de especímenes para un solo incremento en los Estudios de Casos 3, 4 y 5). Los incrementos corresponden a las fases sucesivas del plan minero y pueden ser de cualquier tamaño que siga las prácticas de planificación minera normales). Por ejemplo, si los planes mineros se proyectan en algo de detalle para cuatro trimestres, y luego más aproximadamente cada año por varios años y, finalmente, con muy poco detalle en períodos de cinco años, estas mismas fases se deberían adoptar para los incrementos mineros en la tabla. Sin embargo, es importante que los incrementos mineros se definan en cuanto al tonelaje y no al tiempo. Aunque los incrementos pueden corresponder aproximadamente a trimestres o a años, no están vinculados a estos períodos y diferentes estrategias de corte harán que se exploten a diferentes tasas. De hecho, es una buena práctica de planificación minera, aunque no es común, trabajar en tonelajes por el mayor tiempo posible, para evitar hacer conversiones prematuras a intervalos de tiempo. Los planes se deberían esbozar para la minería de, por ejemplo, el siguiente millón de toneladas, dejando abierta la pregunta de si esto tomará 11, 12 o 13 meses o algún otro período. De manera similar, los rangos de leyes se pueden tomar como que corresponden a las categorías que se usan normalmente para el análisis de leyes.

Un punto menor es la regularidad de los intervalos de leyes; si son irregulares, la aritmética de la interpolación se vuelve complicada y puede probar ser más fácil volver a estimar los tonelajes a intervalos regulares desde el comienzo.

Un punto importante es la consistencia de los datos de leyes con los límites de rango de leyes. En este contexto, la consistencia significa que las leyes promedio dentro de cada rango de leyes cumplen con los supuestos razonables acerca de la distribución de leyes entre los límites de cada rango. Este punto se puede ilustrar al considerar las reservas en una distribución tonelaje-ley simplificada como la que se presenta en la Tabla 9.1. Esta tabla es típica en forma, pero con tonelajes redondeados y solo cuatro rangos. El problema puede a veces evadirse mediante un supuesto alternativo acerca de la distribución de leyes dentro de los diferentes rangos.

Tabla 9.1

Categoría de Ley (% de Cu)	Tonelaje (10^3 toneladas)	Ley Promedio (% Cu)	Contenido de Cu (toneladas)
0-0,200	30,0	--	--
0,201-0,300	40,0	0,250	100
0,301-0,400	50,0	0,380	190
0,401+	100,0	0,650	650

El supuesto común al interpolar una tabla de reservas como esta, es que las leyes promedio se aplican uniformemente dentro de cada rango de leyes. Así, el tonelaje y la ley sobre o arriba de, digamos, 0,30% de Cu es 840 toneladas de cobre contenidos en 150.000 toneladas, o sea, 0,56% o, por sobre digamos 0,35% es 745 toneladas (650 toneladas más la mitad de 190 toneladas) en 125.000 toneladas, o sea, 0,596%. Cualquier ley de corte basada en este tipo de interpolaciones es probable que sea engañosa, porque indicará que el mineral progresivo creado al reducir la ley de corte de 0,35% a 0,30% es 25.000 toneladas a una ley de 0,38%. Esta es una inconsistencia porque la ley promedio agregada, por definición, debería estar entre los dos límites de corte. Por ejemplo, dentro del segundo rango, se podría asumir que la distribución es rectangular. Esto daría pie a un promedio en el punto medio, 0,25%, que es consistente con el promedio real según se muestra en la Figura 9.1.

De lo contrario, si el promedio real está cerca del valor medio, pero no es igual a él, se puede asumir una distribución trapezoidal, como se muestra en la Figura 9.2. En el caso ilustrado se asume que hay más material en el extremo superior del rango que en el extremo inferior y, como resultado, la ley promedio excede el valor medio. Si se ha asumido lo opuesto, entonces la ley promedio habría sido menor que el valor medio.

Figura 9.1

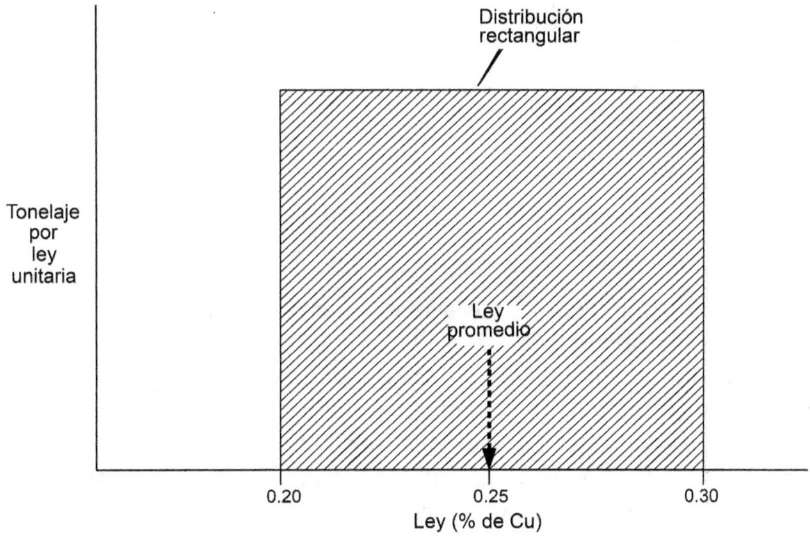

Distribución rectangular de leyes dentro de una categoría de ley

Figura 9.2

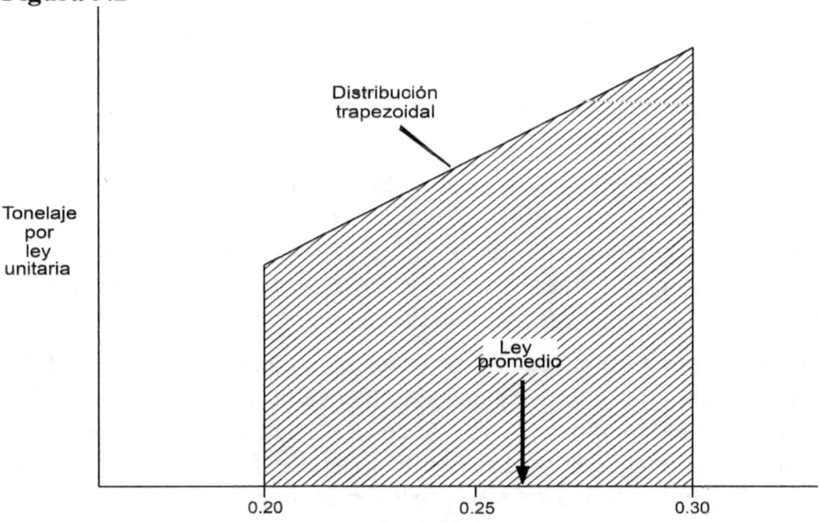

Distribución trapezoidal de Leyes dentro de una categoría de ley

Las fórmulas para la interpolación trapezoidal de los tonelajes y las leyes por sobre la ley $_g$ dentro de un intervalo (*g1, g2*) cuando el promedio es $\bar{g}$, son

$$\text{Tonelaje} = \Pi(g_2 - g)\,[3g(2\bar{g} - g_1 - g_2) + g_2(g_2 + g_1) - 2g_1(3\bar{g} - 2g_1)]\,/\,(g_2 - g_1)^3$$

$$\text{Metal} = \Pi(g_2 - g)\,[2g^2(2\bar{g} - g_1 - g_2) + (g + g_2)\,(2g_1^{\;2} + g_2\bar{g} - 3g_1\bar{g})]\,/\,(g_2 - g_1)^3$$

donde Π es el tonelaje total del rango de leyes.

Estas fórmulas garantizan la consistencia, pero solo se pueden aplicar cuando la ley promedio *g* es menor a un sexto del intervalo de la ley desde su punto medio, o sea, cuando está en el tercio central del intervalo. Fuera de este rango, implica un tonelaje negativo en alguna parte del intervalo, que es una idea poco realista. Por lo tanto, la distribución de leyes dentro de un intervalo, como el tercero en el ejemplo, no se puede representar de esta forma (0,38 está fuera del rango 0,333-0,367). Por supuesto, una distribución que es consistente con un promedio de 0,38 se podría inventar, pero sería complicado y arbitrario.

En estas circunstancias, el camino más práctico es aceptar la existencia de inconsistencias, pero hay que elegir una cantidad suficiente de categorías de leyes para garantizar que los errores de interpolación sean pequeños; cerca de diez, que cubran el rango que se investigará es, usualmente, más que suficiente.

En ciertos casos, elegir más rangos de leyes no hace nada para paliar las inconsistencias; los promedios siguen siendo altamente excéntricos o incluso están completamente fuera de los intervalos. En estos casos, las leyes originales que definen los rangos de leyes se llaman paramétricas, porque solo miden las leyes reales indirectamente.

Las leyes paramétricas no causan problemas fundamentales en el análisis de las leyes de corte, pero como ya se mencionó en el Capítulo 5, las fórmulas citadas ahí para las leyes de corte económicas limitantes ya no son directamente válidas y se deben adaptar. De forma alternativa, los cálculos de maximización se deben realizar de una forma diferente. Esto se discute en mayor detalle en el Capítulo 11, que se dedica exclusivamente a este tema.

CAPÍTULO DIEZ

Cálculo de una política de corte completa

Los Capítulos 5, 6 y 7 se preocuparon del cálculo de la ley de corte óptima en un punto único en el tiempo. Este capítulo se enfoca en el cálculo de una secuencia de leyes de corte óptimas para un período extendido, que constituye lo que se ha definido como una política de corte óptima.

No se involucran nuevos principios, ya que cada ley de corte en la secuencia es una ley de corte óptima, calculada según los principios descritos anteriormente. Sin embargo, tienen que ser consistentes en el sentido descrito en el Capítulo 3; los flujos de caja anuales correspondientes y la secuencia asociada de los valores presentes deben cumplir con una definición consistente del valor presente a lo largo del período completo.

En la terminología del Capítulo 3, una política de corte óptima corresponde a una estrategia de explotación óptima completa para el recurso, en este caso, el cuerpo mineralizado. El problema es encontrar un rastro de explotación a lo largo del cual se logre una secuencia asociada consistente de los valores presentes con un valor terminal dado. Este es, entonces, un rastro de explotación óptimo y los valores presentes en cada etapa a lo largo de él son los máximos.

Usualmente, el período para el que se determinará una política es el resto de la vida útil de la operación. En este caso, el valor presente terminal es cero. Es posible calcular una política para un período más corto pero, en tales casos, se debe especificar un valor presente terminal para el recurso que permanecerá después de la finalización. La razón de esto es que el proceso de optimización maximiza el valor presente a un nivel dado del recurso y las fórmulas de maximización incorporan necesariamente un valor asociado con las operaciones continuas, basadas en cualquier recurso restante más allá del agotamiento del incremento que se está estudiando.

Obviamente, el cálculo de una secuencia de leyes de corte requiere de una base de datos de información para el período completo. Esto quiere decir los pronósticos anuales de los parámetros económicos, según se describieron en el Capítulo 8 y las estimaciones de la reserva mineralizada, según el Capítulo 9.

El problema principal al calcular una política de corte, en vez de una sola ley de corte óptima, es cuándo y cómo comenzar. Un enfoque tentador es crear la política en reversa. Comenzando con el valor terminal, se puede calcular un corte óptimo; por ende, un flujo de caja para el año final y, desde esto, en combinación con el valor terminal, un valor presente para el año anterior a la finalización. Esta cifra puede, entonces, usarse para el penúltimo año y el valor presente calculado para dos años anterior a la finalización y así sucesivamente...

Sin embargo, hay una dificultad con este enfoque. La política de ley de corte afecta la tasa de avance a través del cuerpo mineralizado y, hasta que se haya determinado la política, el tiempo de finalización de la explotación se desconoce. La dificultad se podría superar tomando una serie de tiempos de finalización, pero es más lógico comenzar desde el principio.

Entonces, el problema es cómo comenzar, porque los niveles iniciales del valor presente son desconocidos. Sin embargo, es posible solucionar este problema mediante un proceso de iteración matemática. Se suponen los niveles iniciales, se calcula una política y se comparan los valores presentes de la finalización con el valor terminal especificado. Dependiendo de la diferencia, los niveles iniciales se modifican y se calcula una nueva política. Esta es una forma de práctica de artillería matemática en la que la dirección del cañón, definida por los niveles iniciales del valor presente, se modifica progresivamente hasta que el tiro llega cerca del blanco, que es el valor terminal especificado.

Surge una complicación desde los requerimientos para seguir dos secuencias de valores presentes. Como se mostró en el Capítulo 3, la fórmula para determinar la estrategia óptima en cada etapa incorpora el término del costo de oportunidad

$$F = \delta V^* - dV^*/dT$$

dV^*/dT es la tasa de cambio del valor presente con el tiempo y una estimación de este término es la diferencia entre el valor presente a un año desde ahora y el valor presente ahora, para la misma cantidad de recurso restante. Como consecuencia, se tienen que suponer y seguir dos niveles iniciales en dos flujos paralelos.

Eliminemos los asteriscos, porque solo en la iteración final están presentes los valores presentes óptimos, dejemos que V_i sea el valor presente al comienzo del año *i* y que W_i sea el valor presente para el mismo recurso restante al final del año *i*. Luego

$$(dV/dT)_i = W_i - V_i (dV/dT)_i = W_i - V_i$$
$$y\ F_i = \delta V_i - (dV/dT)_i = \delta V_i + V_i - W_i$$

Usando este valor de F_i, los parámetros económicos para el período *i* y las leyes de la reserva mineralizada para el incremento adecuado, la ley de corte óptima y efectiva g_i se puede determinar y el flujo de caja *Ci* correspondiente se puede calcular usando la fórmula

$$C_i = \{ (p_i - k_i)x_i y_i \bar{g}_i - x_i h_i - m_i \} r_i - f_i$$

donde r_i es el recurso consumido.

Ocasionalmente, un incremento de la reserva se agota durante un año, por lo que se comienza con otro para lo que queda del año. En tales casos, el flujo de caja es un compuesto de dos componentes calculados por separado para los dos incrementos, que se prorratean según el tiempo en que cada incremento se explota. Luego, el valor presente siguiente en la secuencia se puede calcular agregando el interés al costo del capital, menos el efectivo retirado

$$V_{i+1} = (1 + \delta)V_i - C_i$$

El cálculo para la secuencia *W* es similar, pero usa los parámetros económicos para el año siguiente. Un valor para W_{i+1} para formar la estimación adecuada para *F*

$$F'_{i+1} = \delta W_i + V_{i+1} - W_{i+1} F'_{i+1} = \delta W_i + V_{i+1} - W_{i+1}$$

no está disponible, pero V_i - W_i se puede tomar como una primera estimación de $V_i+1 - W_i + 1$ y otra iteración interna se puede realizar para juntarse con W_i+1 a través de la fórmula *W* correspondiente.

$$W_{i+1} = (1 + \delta)W_i - C'_{i+1}$$

donde las primas se refieren a la secuencia *W*.

Para mantener las secuencias *V* y *W* paralelas, W_{i+1} debe corresponder al mismo recurso restante como V_{i+1}. Sin embargo, puede no ser así en el cálculo del párrafo anterior debido a parámetros económicos diferentes y, por ende, a diferentes leyes óptimas. Por lo tanto, se debe aplicar una corrección. Una suposición simple es que la secuencia *W* cambia a la misma tasa, con respecto al recurso consumido, que la secuencia *V* en el año anterior. Esto resulta en la corrección

$$(V_{i+1} - W_i)\,(r_{i+1} - r'_{i+1})/(r_{i+1} - r_i)$$

donde, como se vio antes, *r* es el recurso consumido durante el año. La fórmula modificada para W_{i+1} se vuelve

$$W_{i+1} = (1 + \delta)W_i - C'_{i+1} + (V_{i+1} - W_i)\,(r_{i+1} - r'_{i+1})/(r_{i+1} - r_i)$$

Este bucle iterativo converge a un valor estable para W_{i+1} en las circunstancias más prácticas.

El propósito de un cálculo de política de ley de corte se logra cuando el recurso se agota o cuando queda alguna cantidad especificada. En este punto, tanto las secuencias *V* y *W* deberían estar cercanas a cero o al valor terminal especificado. Si no lo están, los niveles iniciales, *V1* y *W1*, se deben modificar y el cálculo completo se debe repetir. El proceso para una iteración completa se ilustra gráficamente en la Figura 10.1.

El tema de la fórmula de convergencia más adecuada es complejo, dependiendo del comportamiento del modelo subyacente y la importancia relativa de la velocidad y la solidez (insensibilidad a los supuestos y a los errores pequeños). Sin embargo, la aplicación simple de los residuales descontados es, usualmente, efectiva.

Si los valores presentes en la finalización son V_λ and W_λ, los residuales correspondientes son

$$V_\lambda - \Gamma \text{ y } W_\lambda - \Gamma$$

donde Γ es el valor terminal. Si la vida útil correspondiente de la operación es *A* años, los residuales descontados son

$$(V_\lambda - \Gamma) / (1+\delta)^\lambda \text{ y } (W_\lambda - \Gamma) / (1+\delta)^\lambda$$

Estas expresiones son válidas incluso para años fraccionarios incluidos en λ.

Figura 10.1

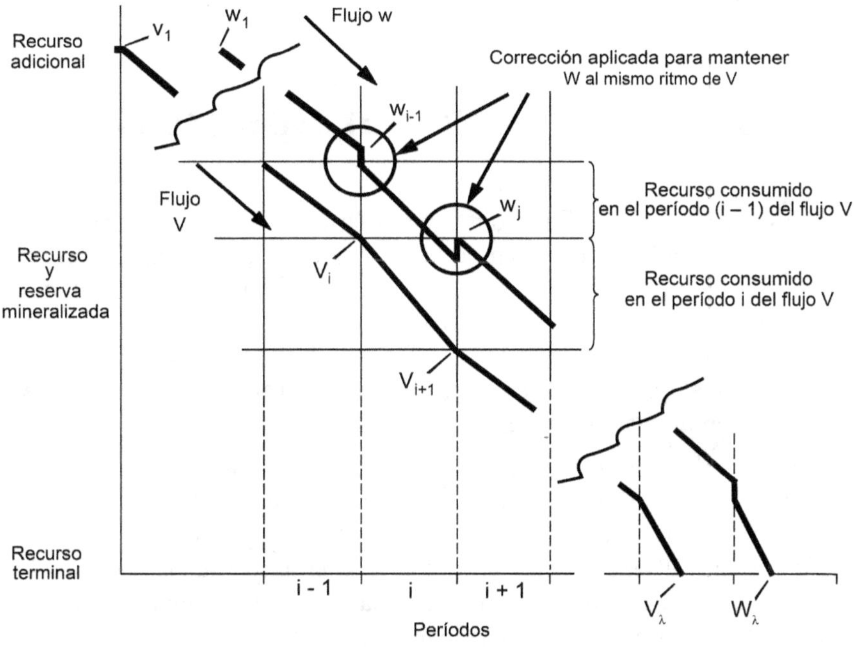

Representación gráfica de una iteración de política óptima única

Al restarlas de *V1* y *W1*, respectivamente, se obtienen nuevos valores iniciales para otra iteración.

Este cálculo puede ser complicado y tomar mucho tiempo, por lo que sería mejor que lo realizara un computador. Está incluido en el programa OGRE (*Optimum Grades for Resource Exploitation*, o Leyes Óptimas para la Explotación de Recursos) y en el *Optimal Scheduler*, de COMET Strategy. Los sistemas computacionales, como estos dos que menciono, son herramientas muy poderosas para el estudio de las políticas de corte, ya que permiten la investigación de los factores que afectan a la política y de la forma en la que influyen en la política de ley de corte con el transcurso del tiempo.

Las ilustraciones del cálculo de las políticas de corte se incluyen en los Estudios de Casos 4, 6 y 7.

CAPÍTULO ONCE

Leyes de corte paramétricas

Una ley de corte se define como paramétrica si esta solo relacionada indirectamente a la distribución de la ley en el cuerpo mineralizado. Las leyes de corte paramétricas no son poco comunes, para nada, y surgen de una variedad de causas, como recuperaciones que varían con diferentes tipos de minerales, la presencia de metales menores cuyos valores equivalentes simplemente se agregan al metal principal del cuerpo y, además, de imprecisiones en el control de la ley.

Tomemos como ejemplo un cuerpo cuprífero mineralizado que, además, contiene algo de molibdeno. Las categorías de leyes originales pueden perfectamente haberse definido en cuanto al cobre y al molibdeno pero, debido a que el molibdeno es solo de una importancia menor, las complejidades de un análisis bidimensional de leyes se evitan al calcular el equivalente cuprífero del molibdeno en cada categoría cuprífera y agregándolo al contenido cuprífero. En el Estudio de Caso 4 se ilustra un cálculo típico (página 119).

Esto, por supuesto, involucra hacer una concesión entre la precisión y la factibilidad. En teoría, o se debería retener la distribución bidimensional de la ley y se debería realizar el análisis según los métodos descritos más adelante, en el Capítulo 17, o se debería recompilar la reserva en base a los metales combinados. Lo segundo implica agregar el mineral a su equivalente en el otro metal para formar la combinación en alguna etapa más temprana durante la compilación de la reserva mineralizada. La etapa precisa dependerá del método con que se estime la reserva: podría ser en la etapa del muestreo original o en una etapa posterior durante la estimación de bloque. En cualquier caso, recompilar la reserva es un ejercicio aritmético enorme y, además, es uno que se puede tener que repetir si es que hubiera cambios significativos en los valores relativos de los dos materiales.

La alternativa de combinar los valores en la distribución es, por lo tanto, atractiva y la aproximación puede ser aceptable si el metal secundario fuera de menor importancia. La aproximación también puede ser aceptable si los dos metales están fuertemente correlacionados entre sí, de forma que el metal secundario efectivamente solo amplifique al metal primario, o si el metal secundario estuviera distribuido de forma uniforme.

Sin embargo, como consecuencia, las categorías de la distribución que se definen por un metal ya no están directamente relacionadas con la distribución misma, que se basa en los metales combinados. En el ejemplo citado anteriormente, las categorías aún son las categorías cupríferas originales, pero las leyes promedio son los equivalentes cupríferos del total del cobre y del molibdeno. Por lo tanto, una ley de corte, definida en términos del metal original por sí solo, es un ejemplo de una ley de corte paramétrica.

El hecho de que un corte sea paramétrico no presenta nuevas consideraciones fundamentales en la teoría de la ley de corte, pero se debe tener cuidado en ciertas áreas. En particular, la distribución se vuelve inconsistente ya que, si el corte se altera marginalmente, la ley del material marginal no estará necesariamente cerca del corte, lo que invalida la derivación de la ley de corte económica limitante que se entregó en el Capítulo 5.

Hay dos formas principales en las que se puede evitar este problema. La primera forma es establecer una relación entre la variable de distribución real y la medida paramétrica. En el ejemplo, esto implicaría encontrar una relación entre los valores cupríferos equivalentes de los metales combinados y los valores cupríferos originales mismos. A veces se pueden establecer relaciones bastante simples. Como ilustración, en el ejemplo, si el molibdeno estuviera distribuido aleatoriamente, su efecto podría ser agregar un equivalente cuprífero constante a lo largo del rango, si tuvieran una correlación sólida, el efecto podría ser agregar un porcentaje constante. Una vez que se ha establecido una relación, las fórmulas del Capítulo 5 aún se pueden usar, pero las leyes de corte derivadas se deben convertir, a través de la relación, a la medida paramétrica.

La segunda forma es encontrar los máximos que se explicaron en el Capítulo 5 usando alguna técnica que sea insensible a una medida paramétrica de la ley de corte. Esta alternativa es, quizás, menos elegante, pero puede ser más sólida y más adecuada al cálculo hecho con el computador. Resumiendo, la expresión que se tiene que maximizar es el valor presente progresivo por unidad del recurso.

$$v = (p - k)xy\bar{g} - xh - m - (f + F)\tau$$

donde τ toma una de las tres formas, $1/M$, x/H, $xy\bar{g}/K$

Como se describió en el Capítulo 7, el gráfico de v como una función de la ley de corte es convexo hacia arriba con un solo máximo. En la práctica, la ley de corte, sea paramétrica o no, solo puede variar dentro de un rango dado por lo que se requiere de una técnica para buscar este rango y ubicar el máximo que debe existir, ya sea en un extremo o en alguna parte en el medio. Hay muchas técnicas computacionales que son aptas para este tipo de aplicación, pero se ha encontrado que una forma de búsqueda en cuadrícula es simple y efectiva. En pocas palabras, incluye el cálculo de v en todos los vértices de una cuadrícula gruesa que cubre el rango, encontrar el máximo y, luego, rodear al máximo con una cuadrícula más fina que cubra los dos intervalos de la cuadrícula gruesa a ambos lados. Este proceso se puede repetir para lograr cualquier nivel de precisión. Una virtud de esta técnica es que puede extenderse bastante fácilmente para cubrir una búsqueda bidimensional, como se describe en el Capítulo 16.

El resultado de usar una técnica de búsqueda es que el máximo se ubica en los términos de la medida de la ley paramétrica sin ninguna referencia a leyes reales, excepto en la medida en que afecten al cálculo de los valores presentes progresivos, por lo que cualquier inconsistencia no es material. Por supuesto, si se usa alguna técnica de búsqueda para ubicar los máximos económicos limitantes, puede perfectamente extenderse a la ubicación del óptimo general efectivo. Para hacer esto, se calculan las tres formas de v

$$v_m = (p - k)xy\bar{g} - xh - m - (f + F)/M$$
$$v_h = (p - k)\, xy\bar{g} - x[h + (f + F)/H] - m$$
$$v_k = [p - k - (f + F)/K]xy\bar{g} - xh - m$$

La capacidad limitante efectiva en cualquier corte es siempre la que corresponde al mínimo de estas tres. Llamémosla *e*.

$$v_e = \text{Min}\ (v_m, v_h, v_k)$$

Haciendo referencia nuevamente al Capítulo 7, y a las Figuras 7.5 y 7.6 (página 44) en particular, el gráfico de v_e como una función de la ley de corte consiste, realmente, de los segmentos curvos que se muestran con la línea en negrita en estas figuras, a las que nos referimos como valores factibles. La ley de corte óptima y efectiva es la ley en la que ocurre el valor factible máximo, o sea, la ley en la que v_e es el máximo. Como v_e, al igual que *'v's*, es convexa hacia arriba, este máximo es único y también se puede encontrar usando un proceso de búsqueda. Por lo tanto, se puede usar una búsqueda única para encontrar el óptimo efectivo general en una pasada y resulta ser independiente de las inconsistencias en los datos de la reserva.

Es absolutamente posible usar una técnica de búsqueda de esta forma, incluso en casos no paramétricos. De hecho, como se mencionó en el Capítulo 5, la forma del modelo económico puede no permitir la derivación de las fórmulas convenientes para los óptimos económicos y limitantes. En tales casos, puede ser conveniente o incluso necesario usar una técnica de búsqueda. Sin embargo, donde sea posible, los métodos descritos en los Capítulos 5, 6 y 7 no son solo más elegantes, sino que son, realmente, más rápidos.

CAPÍTULO DOCE

Los efectos de las imprecisiones sobre el control de la ley

Esta es una de las áreas más polémicas en la minería, ya que es una fuente de problemas, algunos más serios que otros, en casi todas las minas. El control de la ley se implementa en base a la información sobre leyes derivada de programas de muestreo rutinarios y exhaustivos. El método de muestreo depende del tipo de mina, pero en la industria en general se usan todos los métodos concebibles: perforaciones, tronaduras, muestras fortuitas, lascas, canales, etc. Las muestras son examinadas y, luego, analizadas con casi todas las técnicas estadísticas imaginables, incluyendo promedios, selección y promedios, descuento y promedios, transformación y promedios, promedio ponderado y kriging.

Los problemas surgen del hecho de que, al final, usualmente no hay una forma lo suficientemente satisfactoria de revisar la precisión de las predicciones eventuales de las leyes.

El hecho de que los métodos de muestreo son objeto de grandes variaciones estadísticas es, usualmente, de conocimiento común, fácilmente verificable usando un programa de muestreo duplicado. El hecho de que las técnicas estadísticas dependen de ciertos supuestos acerca de la forma en que la mineralización varía a lo largo del cuerpo mineralizado es, generalmente, algo que también es de conocimiento común. El problema es que la eficacia y la precisión del sistema completo no se pueden establecer sin algunas verificaciones entre las leyes predichas y las reales. Esta es la prueba del ácido, pero rara vez se puede implementar, excepto como un promedio aproximado. La razón para esto es que no se realizan más mediciones de leyes, normalmente, hasta que el material clasificado como mineral se envía y alimenta a la planta de tratamiento, pero para ese momento, los minerales desde diferentes sitios en la mina ya se han mezclado y han pasado a través de acopios intermedios, por lo que una reconciliación es solo posible en un tiempo más largo, como una semana o un mes y, luego, solo se puede confirmar la consistencia de los niveles promedio de la predicción. Esto está muy lejos de confirmar que las decisiones tomadas acerca de los bloques minados individualmente fueron, todas, completamente satisfactorias. Es muy posible que, en muchas minas, el control de ley como se entiende de hacer finas distinciones entre mineral y estéril y/o cuidadosas selecciones del mineral para lograr las mezclas correctas sea, esencialmente, una ficción.

Sin embargo, solo la distinción entre el mineral y el estéril es relevante aquí. Un cuerpo mineralizado se puede concebir como una colección de bloques que se pueden explotar, todos del tamaño mínimo que se puede explotar selectivamente. Hay dos estadísticas que se pueden asociar con cada uno de los bloques: su ley promedio real y la ley predicha por el sistema de control de ley. La fórmula, por supuesto, es desconocida, pero las dos estadísticas (para todos los bloques en un incremento minero en particular) forman una distribución bidimensional que se puede graficar como un mapa de contorno, como se ve en la Figura 12.1.

Esta distribución se puede dividir en categorías mediante intervalos de leyes predichas que forman segmentos horizontales. Dentro de cada segmento, la sección real a través de la distribución bidimensional forma una distribución unidimensional. Las leyes promedio de estas distribuciones unidimensionales y sus áreas relativas constituyen los datos que se requieren para la compilación de las estimaciones de la distribución de la reserva mineralizada para el incremento representado por el gráfico. Esto se ilustra en la Figura 12.2, cuya intención es solo ser ilustrativa, pero sí es posible estimar las leyes promedio reales aproximadas dentro de las categorías de ley predichas por la inspección.

Estas leyes, en general, no caerán entre los límites de leyes predichas del intervalo y son, por lo tanto, inconsistentes con ellas, De hecho, el proceso de promediarlas generalmente achica la varianza y las leyes promedio de las categorías abarcarán un rango más angosto que el de las categorías mismas. Por ejemplo, en la Figura 12.2, las categorías de ley predichas van desde 0,2% a 0,4%, aunque las leyes promedio reales en estas categorías solo van desde 0,26% a 0,33%. La reducción en el rango es solo una indicación de la calidad del sistema de predicción de las leyes y un sistema totalmente ineficaz resultaría en la misma ley promedio en cada categoría.

Las leyes predichas, de hecho, son una medida paramétrica de las leyes reales y un corte de ley predicha es un corte paramétrico.

Figura 12.1

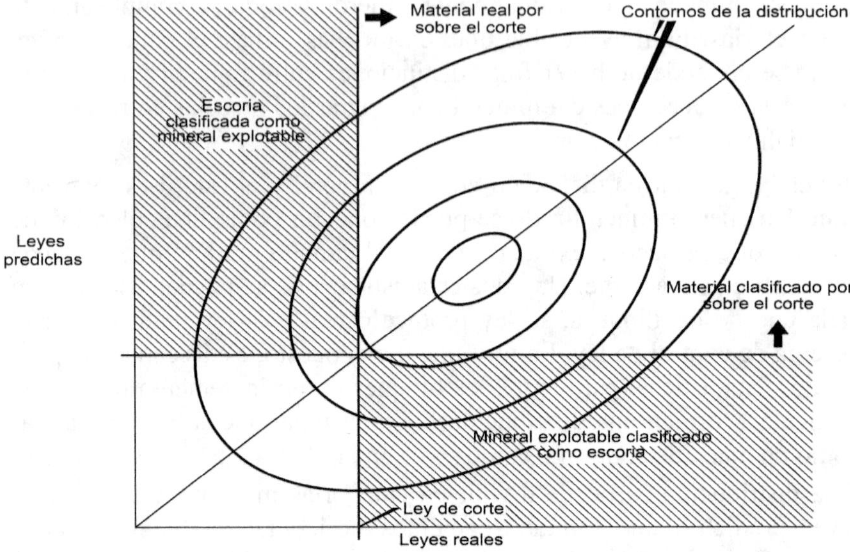

Distribución bidimensional de las leyes predichas versus las leyes reales en los bloques de explotación mínimos

Figura 12.2

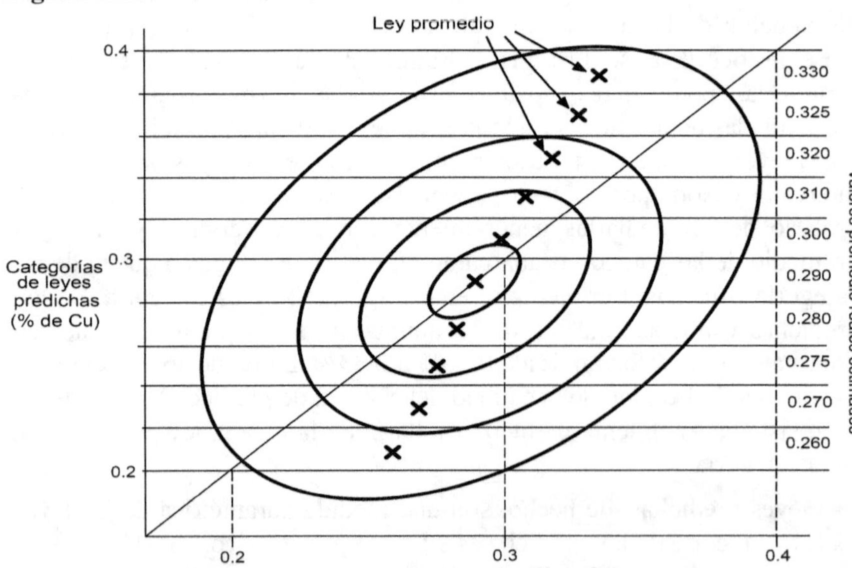

Leyes reales promedio estimadas dentro de las categorías de leyes predichas para la distribucióne en la Figura 12.1

Así, como se explicó en el Capítulo 11, las fórmulas de equilibrio para las leyes económicas limitantes se deben usar con precaución. Sin embargo, con una tabla como la de la Figura 12.2, es muy fácil realizar una conversión. Si, por ejemplo, el óptimo calculado es una ley económica limitante real de 0,27% de Cu, se puede ver como que corresponde aproximadamente a un corte de ley predicha de 0,22% de Cu.

Como casi todas las minas tienen que basar sus leyes de corte en leyes que fueron predichas de alguna forma, la implicación es que casi todas las leyes de corte son paramétricas. Sin embargo, pocas se tratan como tal. Esto es importante solo si las minas operan con leyes de equilibrio, pero las razones para la mayoría de las omisiones son una falta de entendimiento sobre la forma en que las imprecisiones en las mediciones de leyes afectan a la ley de corte, y una falta de información confiable suficiente acerca de la relación entre las leyes predichas y las reales. Por lo tanto, ante la necesidad de tener una mejor alternativa, las leyes de corte calculadas se suponen usualmente como que aplican directamente a la ley predicha por el sistema de control de ley.

Por la misma razón, principalmente la falta de información confiable, es difícil realizar comentarios acerca de la importancia de esta suposición. Es probablemente una suposición importante y es, por cierto, importante desarrollar evidencia acerca de la precisión de las mediciones de la ley para muchos otros fines de control. Por lo tanto, se deberían realizar programas de verificación de muestreo, pruebas de muestreo a granel, análisis de datos histórico, análisis y reconciliaciones geoestadísticas en un esfuerzo por establecer, incluso aproximadamente, la forma de la distribución conjunta predicha y real para, luego evaluar su efecto sobre la política de corte.

En el caso ilustrado en la Figura 12.2, si un corte calculado de 0,27% de Cu se aplica como un corte operacional a las leyes predichas, el efecto es imponer un corte real de alrededor de 0,28% de Cu, pero esta diferencia es casi insignificante. Algo que requiere mucha más preocupación es, probablemente, la observación desde la distribución que muestra que, en este corte, cerca de 25% del material está mal clasificado, ya sea mineral clasificado como estéril o viceversa. Las mediciones de leyes que tienen fines de control son, claramente, malas. Las imprecisiones representan un problema menor cuando el óptimo es un corte de equilibrio. Aunque el corte calculado puede ser un error que cause un desequilibrio, un equilibrio puede verse afectado operacionalmente mediante un simple ajuste del corte en la práctica, hasta que se logre el equilibrio.

En el Estudio de Casos 5 (página 126), se incluye un ejemplo de la ley de corte paramétrico que surge de las imprecisiones en las mediciones y de la estimación de la ley.

CAPÍTULO TRECE

Acopio de leyes intermedias

Una política de corte óptima comúnmente indica una reducción general en las leyes de corte durante la vida útil de la operación minera, usualmente como resultado de que su valor presente va en baja. Una implicación de este fenómeno es que las leyes que son poco rentables de tratar en los primeros años, se pueden tratar económicamente más adelante.

El material mineralizado con leyes que se encuentran entre las leyes más alta y la más baja se llama *material de ley intermedia.* Hay ciertos tipos de minería que permiten el acopio de ese material y, en aquellos casos, se puede considerar una estrategia deliberada para su acopio y posterior tratamiento. Esta idea tiene atractivos evidentes. A la larga, ningún material mineralizado que se pueda clasificar económicamente como mineral en cualquier etapa durante la vida útil de la mina se rechazará como estéril, lo que maximiza la cantidad de metal recuperado desde un cuerpo mineralizado, característica que es atractiva para los conservacionistas y para los dueños de la propiedad. Al mismo tiempo, la estrategia promete mejorar la economía general al aumentar el flujo de caja en los años posteriores, cuando se recupere el material en el acopio.

Sin embargo, la idea también tiene sus desventajas. Primero, la logística de crear un acopio por separado, o quizás incluso varios acopios si el rango de leyes intermedias es amplio, nunca es fácil, ya que dependerá del tamaño de la mina y de la naturaleza de los terrenos adyacentes, pero el espacio siempre es valioso porque existe la necesidad de tener depósitos de estéril, áreas de relaves, tanques de sedimentación, acopios de mineral chancado, almacenamiento de agua, instalaciones de mantenimiento e, incluso, departamentos de planificación. Un requerimiento adicional para el acopio de material de leyes intermedias, que podría ascender a un tonelaje importante y que se debería mantener separado del resto, posiblemente por muchos años, puede implicar un rediseño de gran parte del trazado del terreno y una extensión de las rutas de transporte.

En segundo lugar, se incurre en varios costos adicionales. Existe el costo de transportes más largos y los costos de remanejo cuando se reclame el material de ley intermedia. También existirá el costo de capital asociado con establecer los acopios, además de cualquier otro equipo auxiliar. En tercer lugar, el material se puede deteriorar durante su extensa exposición al medio ambiente. Puede ocurrir algo de lixiviación, con una consecuente pérdida de metal; la oxidación puede crear dificultades en la planta de tratamiento y causar malas recuperaciones, que podrían convertirse en otra fuente posible de costos adicionales. Este tipo de efecto no siempre es fácil de anticipar debido al comportamiento del material en el ambiente en particular que puede no entenderse completamente sin algunos años de experiencia.

Por supuesto, la lixiviación se puede adoptar como un proceso de tratamiento secundario deliberado. Puede ser económicamente viable, pero es un concepto totalmente diferente al del acopio, según su definición en este capítulo y, por lo tanto, no se discute en mayor profundidad aquí.

Tener una política óptima de acopio es un tema complejo. En primer lugar, el hecho de que haya un acopio afecta a la ecuación de corte que, hasta ahora, ha sido evaluada sobre el supuesto que el material rechazado, el estéril, no tiene ningún valor. Si algo de material va a un acopio desde el que se puede recuperar económicamente en el futuro, este supuesto ya no aplicaría. En segundo lugar, el tiempo en el que se realicen los retiros desde el acopio depende, entre otras cosas, de los movimientos del precio. Por ejemplo, extraer material de una ley inferior desde el acopio puede ser una mejor táctica, en ciertas circunstancias, cuando el precio esté bajo para poder conservar el material de mayor ley en la mina a la espera de una mejora esperada en el precio en alguna etapa posterior.

Sin embargo, una política de acopio rara vez tiene una importancia comparativa como para que la determinación de su óptimo sea esencial. Una concesión satisfactoria, para la mayoría de los fines prácticos, es calcular el corte de la mina sin asignar ningún valor al estéril, para alimentar el material del acopio a la planta de tratamiento cuando, y siempre que, el resultado sea un aumento en el flujo de caja.

Una política de acopio de este tipo se puede evaluar al extender el modelo matemático de la operación para que incluya una instalación de acopio, para calcular una política de corte completa para la vida útil de la mina. Como se dijo anteriormente, el modelo debería ser personalizado para que sea apto para esa operación en particular: un modelo básico, que incorpora un solo acopio al que se envía todo el material de ley intermedia, en los primeros años, y desde el que un porcentaje de la alimentación de la molienda se retira en años posteriores, revelará las características esenciales. Los parámetros económicos adicionales en el modelo son

a es el costo variable por tonelada de material recuperado desde el acopio y su transporte hacia la planta de tratamiento;

y_s la recuperación del material de ley intermedia en el proceso de tratamiento;

g_s el límite inferior que define el material de ley intermedia.

La información adicional de la "reserva" mineralizada es

S el tonelaje del material de ley intermedia en el acopio;

$\bar{g}_s$ la ley promedio de este material.

g_s es, esencialmente, un pronóstico de la ley más baja que se puede tratar económicamente en las condiciones que prevalecerán cuando el material se recupere desde el acopio. Se puede obtener una estimación al suponer que la planta de tratamiento limitará la producción y que la mina está cercana a agotarse. Bajo estas condiciones, los términos del valor presente serán pequeños y la ley económica más baja será la ley de corte que resulte de la fórmula:

$$g_s = (h + s + f/H)/y_s\,(p - k)$$

donde todos los parámetros toman los valores que se han pronosticado para el momento adecuado. Los valores aparecen en la fórmula debido a que todo el material tomado desde el acopio se alimenta a la planta como mineral y, por lo tanto, el costo de recuperación es, efectivamente, parte del costo del tratamiento del mineral.

Como es probable que el material acopiado sea también tratado en el futuro, los valores de los parámetros pronosticados probablemente se habrán determinado a niveles estables a largo plazo. Si no fuera ese el caso, y si el momento en que los retiros desde el acopio se realizarán es importante, se puede obtener una idea de este momento desde una política de corte completa, calculada sin un acopio. Un estudio de los patrones de las leyes a lo largo de los años revelará dónde se podría agregar el material acopiado a la alimentación de mineral con una ventaja. También revelará las leyes más bajas que se pueden tratar económicamente y, por ende, entregará una estimación alternativa para g_s.

Una vez establecido el valor de g_s, es elemental tener un algoritmo para la acumulación del acopio durante el cálculo de una política de corte. Después de determinar cada ley de corte g, en la secuencia que constituye la política, el material mineralizado entre g_s y g se agrega al acopio, aumentando el tonelaje y alterando la ley promedio.

Tener un algoritmo para los retiros no es un asunto fácil; aunque el principio para realizar una extracción, cuando sea que aumenta el flujo de caja para un año particular, es simple, determinar la cantidad que maximiza el flujo de caja para ese año no lo es tanto. Los retiros desde el acopio absorben algo de la capacidad de tratamiento disponible y eso, a su vez, tiene repercusiones sobre el corte de la mina.

Supongamos que la cantidad retirada desde el acopio es q_s. Luego, la contribución al flujo de caja anual que resulta del tratamiento de este material, C_s, está dada por

$$C_s = \{(p - k)y_s\bar{g}_s - s - h\}q_s$$

El tiempo que toma tratar el material depende de cuál de los componentes del sistema minero se usa por más tiempo durante el tratamiento. Si el tiempo es t_s, entonces

$$t_s = \text{máx}\ \{q_s/M,\ q_s/H,\ y_s g_s q_s/K\}$$

Esto deja un período de $1 - t_s$, el resto del año, para el tratamiento del mineral común de la mina. Si la cantidad del recurso mineral consumido es q_m, entonces la contribución al flujo de caja desde esta fuente, c_m, es dada por

$$C_m = [\{(p - k)yg - h\}x - m]q_m$$

y el flujo de caja total C, para el año, es

$$C = C_s + C_m - f$$

La fórmula para Cm requiere de un valor para la ley de corte óptima, que se debería aplicar al material común de la mina. Todos los resultados de los capítulos anteriores aún son válidos, pero los parámetros se tienen que ajustar para que correspondan a una parte del año. Los costos de tiempo fijos se deben prorratear según el tiempo disponible, $1 - t_s$, y las capacidades se deben reducir en las cantidades que resultan del procesamiento de material de acopio. Se convierten en

$$M - q_s,\ H - q_s,\ K - y_s\bar{g}_s q_s$$

para la mina, la molienda y el mercado, respectivamente.

Así, la ley de corte óptima, *g*, para el material común de la mina es dada por

$$\text{Máx}_g\ \{\text{mín}\ (v_m,\ v_h,\ v_k)\}$$
$$\text{donde } v = (p - k)y\bar{g}x - hx - (f + F)(1 - t_s)\tau$$

y v_m, v_h, v_k corresponden a

$$\tau = 1/(M - q_s),\ 1/(H - q_s),\ 1/(K - y_s g_s q_s),\ \text{respectivamente}$$

Por supuesto, aunque las fórmulas se han derivado en base al material de alimentación desde el acopio para parte del año, y para el mineral fresco de la mina para el resto del año, en la práctica, estos se mezclarían.

Aparentemente, esta postura matemática para el problema de los retiros desde el acopio, que parece ser complicada, esconde una posición que es mucho más simple en la práctica. El material del acopio casi siempre usa relativamente más capacidad de la planta de tratamiento que de la mina o del mercado, porque todo él es mineral y porque su ley es baja.

Por lo tanto, el efecto de alimentar material del acopio es reducir la cantidad relativa de la capacidad de la planta de tratamiento que está disponible para el mineral común de la mina. A medida que más material del acopio se agrega a la alimentación, este efecto se vuelve más pronunciado hasta que el componente de la planta de tratamiento del sistema se convierte en el componente limitante para el mineral alimentado directamente desde la mina, así como para el mineral de ley intermedia. Más allá de esta etapa, un material del acopio adicional no tiene ningún efecto sobre los cálculos de la ley de corte óptima para el material minado, por lo que la capacidad restante debe ser absorbida totalmente ya sea por el mineral fresco de la mina o por el mineral intermedio; ya no se puede dar el caso de usar esta capacidad alimentando mineral parcialmente desde una fuente y, parcialmente, desde otra.

Como en los últimos años de la vida útil de la mayoría de las minas, el componente de la planta de tratamiento ya es una limitante sin alimentación del acopio, una estrategia de retiro se reduce a sacar 100% del acopio o 100% del mineral directo de la mina, dependiendo de cuál genere mayor dinero.

Otra consideración que puede eliminar cálculos innecesarios es que la ley equivalente de la mina para el mineral intermedio debe exceder la ley de corte para el mineral fresco de la mina antes de que pueda haber siquiera una base para la alimentación del material del acopio; sería contradictorio rechazar material desde la mina y, simultáneamente, recuperar material inferior desde el acopio. La ley equivalente de la mina, g_e, es la que produce el mismo valor marginal en la planta de tratamiento, o sea

$$(p - k)yg_e = (p - k)y_s g_s - s$$
$$g_e = \{(p - k)y_s g_s - s\}/(p - k)y$$

Solo cuando la ley de corte para el mineral fresco de la mina está por debajo de g_e es que será necesario que los retiros desde el acopio sean examinados y, entonces, un cálculo detallado es solo necesario cuando el componente del tratamiento no es el factor limitante.

Como en la práctica solo se considerarían los retiros de cantidades importantes del acopio, un algoritmo adecuado es el que calcula los flujos de caja asociados con los aumentos en los retiros en escalones de 5% o 10% de la capacidad de la planta de tratamiento y que selecciona el máximo, no siendo necesario calcular todos los escalones porque no ocurrirá un cambio en los escalones intermedios más allá del punto donde la capacidad de tratamiento es la producción limitante, tanto para el mineral desde el acopio como el que es común de la mina.

El programa OGRE incorpora un algoritmo que se basa en esta idea. El Estudio de Caso 6 (página 133) incluye su aplicación para la evaluación de una propuesta de acopio normal.

CAPÍTULO CATORCE

Planificación de expansiones mineras

Las minas exitosas tienden a estar bajo una presión constante para expandirse y hay varias razones para esto. Primero, el producto puede aumentarse generalmente solo con un gasto marginal, porque muchas de las instalaciones que ya están construidas y operativas es probable que se adecuen para dar apoyo a la expansión, o que lo hagan en cierta medida. Por ejemplo, los caminos de acceso, las viviendas, los servicios básicos, las oficinas, las bodegas y los talleres de mantenimiento deben estar ahí para dar apoyo a las operaciones mineras presentes.

Cualquier aumento en la capacidad aumentará la demanda sobre estas instalaciones, pero satisfacer esta demanda no implicará un gasto comparable con el de un nuevo desarrollo o construcción.

En segundo lugar, el riesgo es mucho menor al asociado con una nueva mina. El tiempo disponible es corto, las características del cuerpo mineralizado se entienden mejor y el proceso ya está probado.

En tercer lugar, a diferencia de lo que ocurre con otras actividades industriales, el mercado es rara vez el problema predominante en este caso. Esta observación no se debería interpretar como que los mercados no son un problema para la industria minera, muy por el contrario. Sin embargo, la estructura de muchos mercados, con bolsas en terminales internacionales, entrega una cierta salida para la producción adicional. Es lógico que un desequilibrio entre la oferta y la demanda a una escala mundial puede tener efectos desastrosos sobre el precio, pero un solo desarrollo o construcción en una mina no tiene, usualmente, un impacto importante.

Por lo tanto, hay esquemas de expansión que están constantemente siendo propuestos y evaluados. Una mina usualmente consiste de varias etapas y expansiones de componentes, que se pueden considerar en cualquiera o en todos los componentes. Un cambio en cualquier capacidad afectará generalmente a la ley de corte debido a los cambios asociados en la producción y en los costos; así, cualquier consideración de las propuestas de expansión implica, necesariamente, una reevaluación de la política de la ley de corte.

Más comúnmente, las propuestas son expandir el manejo del mineral y las instalaciones de tratamiento: la mina, la chancadora, el concentrador y los circuitos de lixiviación. Este componente casi siempre opera a plena capacidad, por que lo que es un candidato evidente a la expansión; sin embargo, muy a menudo la capacidad adicional permitiría el tratamiento de material de ley menor que, actualmente, se desecha o se deja bajo tierra.

Por ejemplo, considere una mina de oro a rajo abierto, de ley baja, que opera actualmente a una ley de corte de 1,20 g/t, que produce 3 millones de toneladas al año de mineral y 2 millones de toneladas al año de estéril. Si la mitad de esta estéril tiene leyes entre 0,60 y 1,20 g/t, también se podría tratar como mineral si es que la capacidad de la planta se expandiera, digamos, a 4 millones de toneladas al año. Las cifras podrían ser

Ingreso adicional	= 1 millón × 0,9 × 0,85 × $10,0
	(recuperación 85% precio $10,0/g o $311/oz)
	= $7,65 millones/año
Costos adicionales	= 1 millón × $4,5
	(molienda $4,5/ton)
	= $4,50 millones/año
Flujo de caja aumentado	= <u>$3,15 millones/año</u>

Esto representa una inversión atractiva si es que el gasto de capital correspondiente está por debajo de alrededor de $12 millones.

La lógica de las evaluaciones de este tipo es infalible en cuanto a lo que cubre, pero no cubre lo suficiente. Por ejemplo, en este caso, si la ley promedio actual es 2,1 g/tonelada, entonces

Ingreso presente	= 3 millones × 2,1 × 0,85 × 10,0
	(recuperación 85% precio $10,0/g o $311/oz)
	= $53,55 millones/año

Si la operación completa se escalara en un tercio, incluyendo la capacidad minera, la ley de corte permanecería igual y 1,67 millones de toneladas de material adicional tendrían que ser minados para obtener el millón de toneladas de mineral adicional. Las cifras correspondientes son:

Ingreso adicional = $53,55 × 1/3

= $17,85 millones/año

Costo adicional = 1 millón × $4,5 + 1,67 millón × $1,0

(molienda $4,5, minería $1,0/tonelada)

= $6,17 millones/año

Flujo de caja aumentado = <u>$11,68 millones/año</u>

Por supuesto, la vida útil de la mina tendrá que acortarse en un 25% y, por lo tanto, el análisis es incompleto, pero este es un esquema de expansión alternativa que, claramente, se tiene que evaluar.

La forma correcta para la evaluación es no hacer suposiciones acerca de las leyes de corte, en lo absoluto, sino que especificar el esquema de expansión en cuanto a los cambios en las capacidades y estimar los costos capitales asociados.

Luego, la política de la ley de corte óptima para las nuevas capacidades se debería calcular junto con el valor presente correspondiente. El valor actual neto, o la diferencia entre el valor presente y el costo capital, es la medida del mérito de la inversión.

Generalmente, se deberían investigar varios esquemas de expansión alternativos y los resultados deberían ser objeto de pruebas sensibles, con respecto a los supuestos principales tales como los pronósticos de precio y las estimaciones de leyes.

Tabla 14.1

	Caso Base	*Expansión Propuesta*	*Expansión Alternativa*	*Esquemas*
Capacidad de la mina (106 toneladas/año)	5,0	5,0	5,8	6,7
Capacidad de molienda (106 toneladas/año)	3,0	4,0	4,0	4,0
Costo Capital ($ millones)	–	11,0	13,0	18,0
Valor presente Progresivo ($ millones)	–	13,7	21,3	32,5
Valor presente Neto Progresivo ($ millones)	–	2,7	7,7	14,5
Política de Corte (g/tonelada)	1,2	0,6	0,9	1,2

En la Tabla 14.1 se presentan las posibles cifras para el caso citado anteriormente. Estas cifras muestran que, aunque la propuesta original prometiera un retorno adecuado sobre el capital, las otras posibilidades son mejores. Por supuesto, el caso se ha elegido para ilustrar este punto, pero la situación no es para nada extraña. Las presiones para reducir el corte, desde el personal, los inspectores de la mina y los conservacionistas, han sido tan fuertes y persistentes que la industria ha realizado una sobremolienda y una explotación por debajo de lo necesario. Las inversiones han sido mayores de lo necesario y los retornos han sido mucho menores de lo que podrían haber sido.

El patrón de los valores presentes netos da pie a la pregunta sobre aumentos de capacidad más grandes y sobre si podrían resultar en mejores retornos aún, o no. Esta es una postura típica. Los aumentos en escala casi siempre resultan en retornos mayores y, eventualmente, se tiene seleccionar un esquema de expansión particular en base a algún otro criterio, como una limitación en el resultado o en la exposición financiera. Esto se discute en mayor detalle en el Capítulo 15.

La evaluación de los esquemas de expansión se ilustra en el Estudio de Casos 4 (página 119) y el Estudio de Casos 7 (página 139).

CAPÍTULO QUINCE

Diseño de minas nuevas

Este capítulo se enfoca en la fase de planificación conceptual de una nueva empresa minera. Es probablemente el capítulo más importante del libro, porque la aplicación de la teoría de corte puede tener un mayor impacto sobre la economía durante la planificación temprana que en cualquier otro momento en la vida útil de una mina. Es en esta fase que se toman decisiones sobre los elementos principales de una estrategia de explotación: culmina en la preparación de un estudio de factibilidad final que entrega las bases para un diseño de ingeniería detallado.

Los elementos principales son el método de minería, los planes mineros, la escala de la operación y la política de la ley de corte. El método de minería determina la logística para alcanzar y obtener el mineral desde el cuerpo mineralizado. El plan de la mina define la secuencia minera y especifica dónde comenzará la explotación y cómo avanzará a través del cuerpo mineralizado durante la vida útil de la mina. La escala de la operación se define por las capacidades de los tres componentes principales: la mina, la planta de tratamiento y el mercado. La política de la ley de corte decide qué partes del cuerpo mineralizado serán clasificadas y tratadas como mineral.

Estos elementos, combinados, son los determinantes más importantes de la economía en general; la fase de planificación conceptual es, por lo tanto, la fase más importante de cada nuevo desarrollo minero. Es esencial que el análisis se base en una buena ingeniería y en principios económicos sólidos. Las diferencias entre las diferentes estrategias de explotación pueden ser enormes y la oportunidad para cambiar una estrategia después de la construcción es, usualmente, limitada.

Un primer requerimiento es una descripción del cuerpo mineralizado. Esto ya se abordó en el Capítulo 9, pero algunas observaciones adicionales son especialmente pertinentes cuando las estadísticas no han sido confirmadas por una experiencia minera real. La ley y los datos del tonelaje usualmente se tienen que derivar desde muestras de perforaciones, a veces aumentadas por un desarrollo limitado. La geometría general de las tendencias de las leyes es necesaria para los fines de la planificación minera y la estructura estadística de las variaciones de las leyes es necesaria para predecir los efectos de las políticas de ley de corte. Un solo modelo no siempre se adapta perfectamente a ambos propósitos. Los modelos de bloque revelarán las tendencias de las leyes, pero un simple conteo de bloques en diferentes categorías de leyes no entrega un medio válido para estimar los efectos de la ley de corte. La razón de esto es que las técnicas para revelar las tendencias de las leyes se basan en promedios móviles, de cierta forma: se ocupan de establecer niveles de leyes promedio en diferentes regiones del cuerpo mineralizado. Las unidades mineras individuales tendrán leyes que varían, quizás sustancialmente, desde estos niveles promedio, por lo que es necesario tener una estimación de la varianza para un análisis de la ley de corte.

Por ejemplo, las leyes predichas en una cierta región para un depósito de estaño pueden variar de 0,15% a 0,20% de Sn. Si esto se interpreta como que significa que, a una ley de corte de, digamos, 0,12% de Sn, la región completa sería mineral, la interpretación casi de seguro probaría ser engañosa. Cada unidad explotada variará desde el promedio hacia un rango que, según la experiencia, podría ser muy amplio, posiblemente de 0,0% a 0,50% de Sn, por lo que una proporción significativa de la región, quizás 25%, probará ser estéril.

Cómo se estructura de mejor forma un análisis de la reserva para acomodar estos factores, sigue siendo una pregunta controversial. Las varianzas de la estimación que se obtuvieron de los estudios geoestadísticos entregan un medio para el cálculo de los rangos de variación, pero su uso para el trabajo de la evaluación del corte es difícil, casi al grado de ser impracticable. Un kriging disyuntivo da a los tonelajes y a las leyes anteriores un corte especificado, pero la técnica no es ampliamente comprendida y los cálculos son elaborados. También se han desarrollado muchas técnicas con el pasar de los años, todas con aplicaciones en circunstancias particulares.

Si se puede identificar una cantidad limitada de zonas comparativamente homogéneas dentro de un cuerpo mineralizado, y una curva de tonelaje-ley se puede derivar para cada una de alguna forma, entonces esto forma una base conveniente para los estudios de la ley de corte. Independiente de la técnica que se use, eso sí, sigue siendo esencial permitir imprecisiones en las mediciones de la ley para los fines del control de la ley, que se experimentarán en el evento. Estos efectos se discutieron anteriormente.

Hay dos observaciones adicionales que son particularmente importantes para la planificación conceptual. Primero, las estimaciones se deben basar en principios sólidos, incluso si las técnicas son aproximadas: en otras palabras, es mejor estar aproximadamente en lo correcto que estar exactamente equivocados. En segundo lugar, las opciones de planificación se deben mantener abiertas. A veces, por ejemplo, se toman decisiones prematuras acerca de las leyes de corte para reducir las complejidades del procesamiento de los datos, lo que es un error porque no se pueden tomar decisiones sobre la ley de corte hasta que la economía general se hay comprendido completamente.

En base a un modelo de la geometría de las variaciones de leyes, el método minero se determinará junto con un plan de explotación tentativo, o con un conjunto de planes alternativos. A menudo, la mejor secuencia de desarrollo a través del cuerpo mineralizado no está tan clara; comenzar por el área con la mineralización más rica puede presentar problemas de Comercialización tempranos, o el área puede estar rodeada por leyes más bajas que causen dificultades temporales para la producción.

Puede ser necesario realizar evaluaciones completas para resolver este tipo de preguntas. Con este fin, se tienen que asumir valores preliminares para la escala de la operación y los costos asociados. Dados estos, se pueden calcular las políticas de corte óptimas correspondientes y se debería investigar un rango de posibilidades. Desde ellas, puede emerger un plan general de minería que sea superior; de lo contrario, es posible que se tengan que dejar varios de ellos para ser reevaluados posteriormente, cuando se hayan establecido los otros factores. De hecho, este tipo de reciclaje es típico de una planificación conceptual. Es un proceso iterativo que se repite hasta que solo se puedan lograr mejoras menores.

La siguiente etapa en un ciclo es establecer un conjunto de parámetros de escala y derivar estimaciones de ingeniería de órdenes de magnitud tanto para los costos operacionales como para los de capital. Se debería tomar un rango de valores para explorar los efectos del tamaño del componente. Las políticas de corte óptimas, los valores presentes máximos y los valores presentes netos puede, entonces, calcularse. Estos indicarán dónde se debería concentrar la atención en el siguiente ciclo.

Figura 15.1

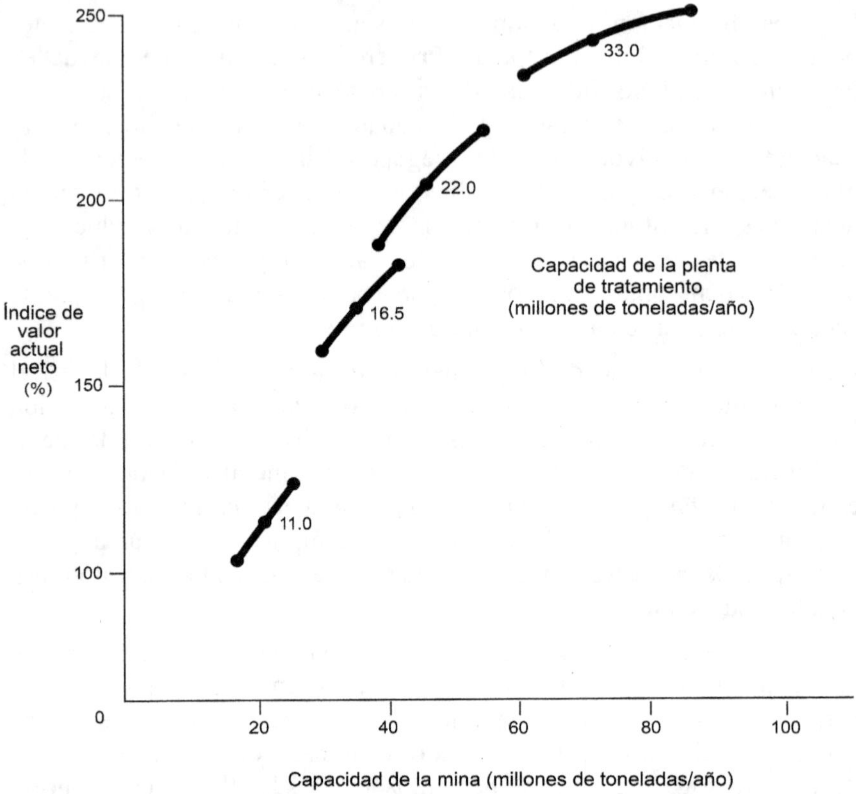

Ilustración de los efectos de las capacidades de la mina y de la planta de tratamiento sobre los valores actuales netos

La importancia de una teoría de corte coherente en este proceso es que permite tener un cálculo rápido de las políticas óptimas para maximizar los valores presentes, para cualquier combinación de capacidades y cualquier conjunto de suposiciones acerca de las condiciones económicas futuras. Esto último es especialmente importante porque el mejor plan debe ser relativamente insensible a los desarrollos económicos probables.

El proyecto Bougainville de cobre a rajo abierto entrega una buena ilustración sobre la planificación conceptual en la práctica. Aunque el trabajo comenzó hace mucho tiempo, a finales de la década de 1960, sigue siendo uno de los mejores ejemplos de planificación fundamental temprana de este tipo en la industria minera.

El tamaño y la forma aproximada del rajo final fueron los primeros factores que se establecieron. Estos fueron modificados repetitivamente a medida que se dispuso de más datos sobre la perforación, pero no afectaron a otros factores de planificación de forma significativa. Las características generales del plan minero completo fueron los siguientes factores que fue necesario establecer. Se identificaron y evaluaron cuatro secuencias mineras principales y fueron evaluadas contra tres capacidades mineras y dos capacidades de tratamiento: el corte óptimo fue calculado para cada uno de los seis pares. Esta evaluación reveló que los valores presentes netos más altos se produjeron consistentemente con una secuencia, entonces esta, con algunas variaciones menores, se adoptó como la base para todos los estudios posteriores. Estos involucraron la evaluación de más combinaciones entre la mina y la planta de tratamiento. No se pusieron limitaciones específicas sobre la producción cuprífera, pero fue un factor que se tomó en cuenta al llegar a las conclusiones finales.

Se usó un programa computacional, una versión temprana del programa OGRE, para calcular las políticas de corte y los valores presentes correspondientes. Los resultados de estos estudios evaluativos se presentaron en una forma gráfica y ordenada, que se muestra en la Figura 15.1.

El gráfico en la Figura 15.1 ilustra vívidamente los efectos dramáticos del tamaño en la economía. Las primeras estimaciones fueron para una planta de tratamiento de 11 millones de toneladas al año, junto con una capacidad de la mina de 18 millones de toneladas al año. Desde este comienzo, el tamaño de la planta se aumentó en tres pasos a 33 millones de toneladas, donde cada paso resultó en una mejora sustancial en el valor presente neto (o sea, la diferencia entre el valor presente del flujo de caja y los costos capitales correspondientes).

Luego, para cada capacidad de la planta, la política de la ley de corte óptima se calculó dentro de los límites de un rango de capacidades de la mina determinados por el tamaño de la flota de camiones/palas y los equipos mineros asociados. Nuevamente, los aumentos en la capacidad resultaron en mejoras significativas en los valores presentes netos. La combinación seleccionada para los estudios de diseño finales fue de 33 millones de toneladas/año para la planta de tratamiento y 60 millones de toneladas/año para los equipos mineros. Esto representó una mejora de más del 100%en el valor presente neto para la primera combinación.

Aunque el valor presente neto mejoró con la escala en aumento más allá de este punto, el riesgo asociado con la inversión se convirtió en un asunto dominante. La exposición financiera, casi $400 millones o posiblemente $2.000 millones en términos de 1988, resultaba demasiado alta; el suministro mundial de cobre aumentaría repentina y significativamente en aproximadamente 3%; y la logística, en sí misma, de transportar 60 millones de toneladas desde la mina era incierta. Por lo tanto, la administración juzgó que los aparentes beneficios económicos de los aumentos adicionales en escala se compensaban con los riesgos agregados. Cerca de 15 años después de la primera producción, la producción de la planta de tratamiento estaba cerca de las 50 millones de toneladas/año, cerca de 80 millones de toneladas/año del material se transportaron desde la mina y la inversión probó ser altamente exitosa. Sin embargo, el riesgo político inherente en el proyecto se demostró poco después mediante una insurrección en la isla, que causó el cierre de la mina y la evacuación de las obras. En el Caso de Estudio 6 (página 133) se incluye un ejemplo de la planificación conceptual de una nueva mina.

CAPÍTULO DIECISÉIS

Depósitos de dos metales

Los cuerpos mineralizados que contienen más de un metal usualmente se tratan convirtiendo todos los metales a sus equivalentes en relación a un metal básico, para luego totalizar los diferentes valores. Por ejemplo, el plomo y el zinc a menudo aparecen juntos: suponiendo que el zinc tiene el doble del valor del plomo, el contenido de plomo se puede dividir por dos y agregarse al contenido de zinc para obtener un contenido total equivalente al zinc. Luego, cualquier análisis se puede realizar exactamente como si la mineralización consistiera de un solo material.

Si los metales tienen valores relativos bastante estables, este procedimiento es completamente válido y simplifica el análisis. Si los valores relativos fluctúan, el procedimiento puede aún ser válido pero, a menudo, es complicado porque las leyes equivalentes se tienen que recalcular. Si, además, uno de los metales tiene un mercado restringido por alguna razón, el procedimiento ya no es válido y los metales deben abordarse por separado.

En este capítulo se describe el análisis para dos metales. En este caso, las distribuciones de la ley siguen existiendo, pero ahora son bidimensionales. En vez de una curva, una distribución es una superficie y se puede representar con una serie de contornos, como se ve en la

Figura 16.1.

Un corte es un límite entre el mineral y el estéril y es, por lo tanto, una línea en este diagrama. En teoría, cualquier tipo de línea se puede considerar, pero solo las líneas rectas se examinan aquí. La forma más simple de especificar un corte de una línea recta es mediante sus intersecciones, *Y1* y *Y2*, en los ejes de la ley. El valor *Y1* es, realmente, la ley de corte para el metal 1 en ausencia del metal 2 y *Y2* es la ley de corte para el metal 2, en la ausencia del metal 1. El problema de determinar una política de corte óptima para una

Figura 16.1

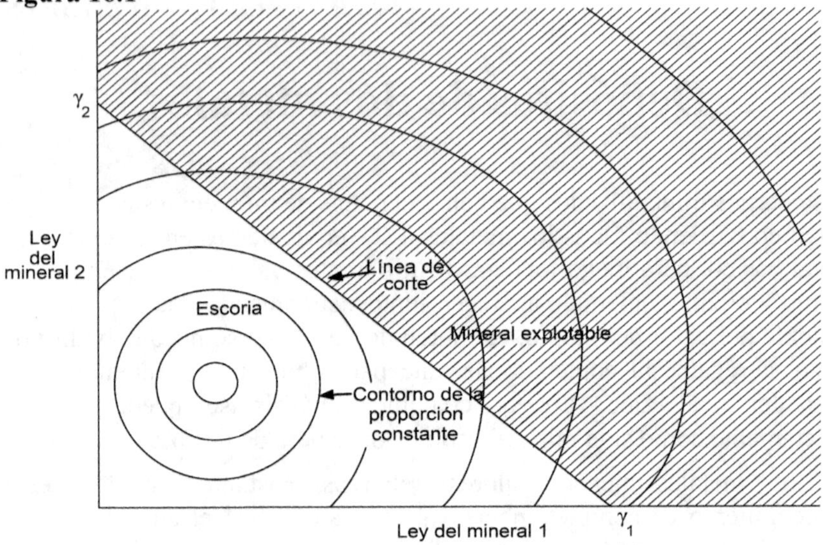

Distribución bidimensional de la ley de dos minerales

Figura 16.2

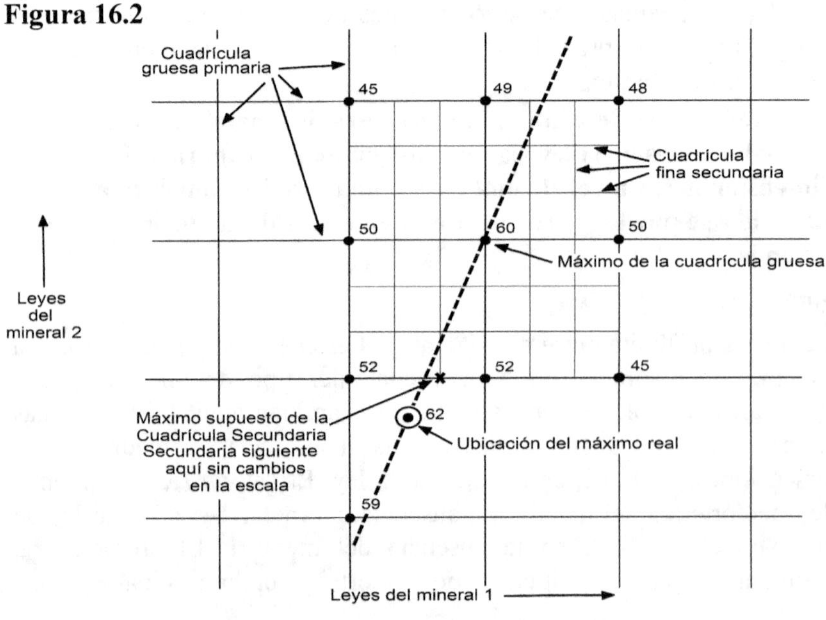

Ilustración de la búsqueda de cuadrícula con cuadrícula secundaria externa máxima

mina de dos metales es, por lo tanto, el problema de determinar la secuencia de pares de valores para las intersecciones de corte *Υ1* y *Υ2*, que maximiza el valor presente de la operación.

La derivación de las fórmulas para dos metales es paralela a las fórmulas para un metal único que se describieron en el Capítulo 5, por lo que el detalle no se volverá a repetir, solo el argumento. La notación es igual a la anterior (página 25), pero los sufijos 1 y 2 se agregan donde sea necesario hacer la distinción entre los metales.

Considerando la siguiente unidad del material explotado, su contribución al flujo de caja neto es

$$x[\bar{g}_1y_1 (p_1 - k_1) + \bar{g}_2y_2(p_2 - k_2)] - xh - m - f\tau$$

donde $\bar{g}1$ y $\bar{g}2$ son las leyes promedio de los metales 1 y 2.

Sin embargo, la cantidad a maximizarse es el valor presente en vez del flujo de caja y, como se dijo anteriormente, el incremento en el valor presente se da con una expresión similar, pero los costos de tiempo deben cubrir los costos de oportunidad completos, *F*. Así

$$v = x[\bar{g}_1y_1(p_1 - k_1) + \bar{g}_2y_2(p_2 - k_2) - h] - m - (f + F)\tau$$

Esta es la fórmula básica y todos los óptimos de corte se pueden derivar de ella.

El tiempo tomado, τ, para procesar la siguiente unidad de material se relaciona a la limitante de capacidad. Surgen cuatro casos dependiendo de cuál de las cuatro capacidades, mina, molienda, mercado (metal 1) o mercado (metal 2), realmente limita la producción.

Caso 1 Limitante de Minería, $\tau = 1/M$

$$v_m = x[\bar{g}_1y_1(p_1 - k_1) + \bar{g}_2y_2(p_2 - k_2) - h] - m - (f + F)/M$$

Caso 2 Limitante de Molienda, $\tau = x/H$

$$v_h = x[\bar{g}_1y_1(p_1 - k_1) + \bar{g}_2y_2(p_2 - k_2) - \{h + (f + F)/H\}] - m$$

Caso 3 Limitante de Mercado 1, $\tau = xg1y1/K1$

$$v_{k1} = x[\bar{g}_1y_1 (p_1 - k_1 - \{f + F\}/K1) + \bar{g}_2y_2(p_2 - k_2) - h] - m$$

Caso 4 Limitante de Mercado 2, $\tau = x\bar{g}2y2/K2$

$$v_{k2} = x[\bar{g}_1y_1(p_1 - k_1) + \bar{g}_2y_2 (p_2 - k_2 - \{f + F\}/K_2) - h] - m$$

Para cualquier par de valores, *Υ1*, *Υ2*, es posible calcular la *x* correspondiente, *g1* y *g2* desde las dos distribuciones de leyes bidimensionales adecuadas y, luego, calcular v_m, v_h, v_{k1} y v_{k2}. La capacidad de control siempre es la que corresponde al menor de estos cuatro y, por lo tanto, es el incremento en el valor presente que resulta de la línea de corte γ_1, γ_2. Esta es la cifra que se tiene que maximizar.

Esto es, maximizarse con respecto a $\gamma 1$, $\gamma 2$.

$$v(\text{máx}) = \text{Máx}\ \{\text{Mín}(v_m, v_h, v_{kl}, v_{k2})\}$$

Si una capacidad solo es dominante, la maximización económica limitante se puede lograr analíticamente. Por ejemplo, siguiendo una tonelada marginal en el Caso 1, solo contribuirá al incremento en el valor presente si, cuando se cuenta como mineral,

$$g_1y_1(p_1 - k_1) + g_2y_2(p_2 - k_2) - h$$

es positiva cuando $g1$ y $g2$ son las leyes de la tonelada marginal.

Por ende, la posición de equilibrio se determina con la ecuación

$$g_1y_1(p_1 - k_1) + g_2y_2(p_2 - k_2) = h$$

Esta tiene la forma de

$$g_1/\gamma_1 + g_2/\ \gamma_2 = 1$$

donde

$$\gamma_1 = h/y_1(p_1 - k_1) \text{ y } \gamma_2 = h/y_2(p_2 - k_2)$$

Argumentos exactamente paralelos siguen para las otras capacidades, lo que da

		γ_1	γ_2
1	Mina	$h/y_1(p - k_1)$	$h/y_2(p - k_2)$
2	Molino	$[h+(f + F)/H]/y_1(p_1 - k_1)$	$[h+(f + F)/H]/y_2(p - k_2)$
3	Mercado 1	$h/y_1[p - k_1 - (f + F)/K_1]$	$h/y_2(p_2 - k_2)$
4	Mercado 2	$h/y_1(p_1 - k_1)$	$h/y_2[p_2 - k_2 - (f+ F)/K_2]$

Estas fórmulas son útiles cuando un solo proceso es limitante; sin embargo, cuando ocurre el máximo en un punto de equilibrio, donde más de una capacidad restringe la producción, no se ha desarrollado una técnica analítica satisfactoria. El problema, geométricamente, es que una de las cuatro superficies se intersecta y forma "cerritos". Los picos son comparativamente fáciles de ubicar, pero las crestas y los valles donde se intersectan son más difíciles de hallar. Por esta razón, el máximo se ubica mejor usando un proceso de búsqueda. Una extensión de la técnica de búsqueda por cuadrícula, mencionada en el Capítulo 11, bidimensional, ha probado ser bastante efectiva.

Esto, en el caso bidimensional, consiste en cubrir el área de búsqueda con una cuadrícula rectangular, calcular los valores de la función que será maximizada en todos los puntos de la cuadrícula y, luego, buscar el máximo entre estos puntos. Se logran precisiones cada vez mayores al rodear, luego, al máximo con una cuadrícula rectangular más fina sobre un área más pequeña y volviendo a repetir el procedimiento.

En la práctica, es pertinente usar una cuadrícula primaria de celdas de 9x9 o 100 puntos de cuadrícula. Luego, el máximo es cubierto por una cuadrícula más fina, con celdas de 6x6 o 49 puntos de cuadrícula que cubren las cuatro celdas originales que rodean al punto máximo. Finalmente, este paso se repite alrededor del nuevo máximo, lo que da una precisión de una en 9x3x3 (1 en 81), que es cercana al 1%. Esto involucra el cálculo de un total de cerca de 200 valores de puntos de la cuadrícula.

Hay una salvaguarda que ha probado ser necesaria. Si el máximo ocurre en el límite de una cuadrícula secundaria, la cuadrícula se reubica alrededor del punto nuevo, sin cambio en la escala. Esto garantiza que el máximo aún se pueda ubicar, incluso cuando está en una cresta empinada que va entre los puntos de la cuadrícula. En estas circunstancias, es posible que esté fuera de la cuadrícula e incluso más lejos que la dimensión de una celda de la cuadrícula. Mover la cuadrícula, y es posible hacerlo en varios pasos, es una forma de volver a hacer visible el máximo. La posición se ilustra en la Figura 16.2.

Cuando ninguno de los mercados está restringido, la fórmula para la línea de corte es de la forma

$$g_1y_1(p_1 - k_1) + g_2y_2(p_2 - k_2) = \text{constante}$$

Los dos términos en la expresión representan los "valores" de los dos metales contenidos en una unidad de material. Por lo tanto, la línea de corte es efectivamente un corte de valor combinado. De hecho, como se mencionó en la introducción, es una alternativa práctica y adoptada comúnmente en estos casos para trabajar en términos de valor o de leyes equivalentes, reduciendo de este modo el análisis a una dimensión.

Cuando un mercado está restringido, la producción adicional del metal en cuestión no se puede vender y, por lo tanto, la idea de un valor basado en el precio ya no es válida, lo que invalida el análisis unidimensional del valor combinado, además de invalidar muchos de los otros costos comunes versus los estudios de recuperación que se realizan en la obra.

De hecho, el análisis bidimensional reasigna "valores" a los dos metales (como se refleja en los parámetros $\gamma 1$ y $\gamma 2$) que, por lo tanto, tienen una relación diferente entre sí. La línea de corte está inclinada desde su pendiente de mercado libre, para que haya relativamente más del metal sin restricción dentro del mineral. El grado al que esto ocurre depende de la gravedad de la restricción del mercado.

En el Estudio de Caso 7 (página 139) se ilustra una aplicación de dos metales.

CAPÍTULO DIECISIETE

Otros modelos económicos

Como se explicó en el Capítulo 4, los modelos económicos de las operaciones mineras usualmente tienen que ser construidos especialmente para cada operación, pero las formas generalmente preservan las características que se han ilustrado como referencia para la fórmula básica II (página 25). Por ende, en la mayoría de los casos, la derivación de leyes de corte óptimas procede de una manera similar a la descrita para este caso básico pero, a veces, nos podemos encontrar con una complejidad mayor. En este capítulo se ilustra una posición que analiza otros tres modelos que ocurren con bastante frecuencia. Uno incorpora una evaluación de impuesto neto, el segundo incorpora una recuperación variable del molino y el tercero incorpora los efectos de las recuperaciones variables de molienda y las producciones simultáneamente. El tercer modelo requiere la aplicación de una técnica más sofisticada para determinar el óptimo, pero a pesar de esto es igualmente abierto a la misma teoría de corte.

Evaluación de impuesto neto

El impuesto puede ser muy complejo y algunas formas de impuesto, estrictamente hablando, invalidan los supuestos que sustentan los análisis de corte anteriores. Por ejemplo, si las pérdidas y la depreciación se pueden transferir, entonces la afirmación hecha en el Capítulo 3 de que el valor presente máximo V^* depende solo del tiempo y de los recursos restantes

$$V^* = V^*(T,R)$$

ya no sería verdadera y depende también del nivel de subsidios que se transferirán. Sin embargo, esto puede probar ser un punto menor, en la práctica, y no se consideran este tipo de complicaciones en esta ilustración, que se basa en las operaciones sudafricanas del impuesto sobre el oro.

La fórmula para este impuesto sudafricano es

$$Y = (60 - 360/X)$$

donde *Y* es el impuesto por pagar como porcentaje del flujo de caja de costos operacionales netos, pagos de arriendo y gastos de capital reembolsables, y *X* es el mismo flujo de caja neto como porcentaje del ingreso.

Por temas de simplicidad, supongamos que el gasto capital está completamente sobre las renovaciones y mantenimiento, de forma que se pueda incluir en los costos fijos *f*. Luego, usando la misma notación anterior

$$c = (p - k)xy\bar{g} - xh - m - f\tau \text{ (II)}$$

y tomando a la planta de tratamiento como el componente limitante, $\tau = x/H$ tenemos

$$c = (p - k)xy\bar{g} - xh - xf/H - m$$

donde *c* es el flujo de caja bruto por unidad de recurso.

El recurso utilizado en un año es *H/x*, de forma que el flujo de caja anual bruto correspondiente es:

$$C = (p - k)y\bar{g}H - hH - f - mH/x$$

Si llamamos *Z* a los ingresos anuales

$$Z = (p - k)y\bar{g}H$$

$$X = 100C/Z \text{ (por definición en la fórmula del impuesto)}$$

$$\text{y el Impuesto} = C \times Y/100$$

$$= C\{60 - 360Z/100C\}/100$$

$$= 0{,}6C - 0{,}036Z$$

Por lo tanto, el flujo de caja de impuesto neto, *C'*, es:

$$C' = C - \{0{,}6C - 0{,}036Z\}$$

$$= 0{,}4C + 0{,}036Z$$

$$= 0{,}436(p - k)y\bar{g}H - 0{,}4hH - 0{,}4f - 0{,}4mH/x$$

Expresado por unidad de recurso, nuevamente usando primas

$$c' = 0{,}436(p - k)xy\bar{g} - 0{,}4xh - 0{,}4xf/H - 0{,}4m$$
$$y\ v' = c' - F'\tau = c' - F'x/H$$
$$= x\{0{,}436(p - k)y\bar{g} - 0{,}4h - (0{,}4f + F')/H\} - 0{,}4m$$

v' es el incremento de impuesto neto en el valor presente que se debe maximizar para determinar la ley de corte óptima. Tiene la misma estructura que la de la expresión del Capítulo 5 y, según el mismo argumento que se usó ahí, el máximo ocurre cuando

$$0{,}436(p - k)y\bar{g} = 0{,}4h + (0{,}4f + F')/H$$
$$\text{o } g = \{0{,}4h + (0{,}4f + F')/H\}/0{,}436(p - k)y$$

Este es el impuesto neto (impuesto sudafricano al oro) equivalente a la ley de corte económica limitante con la limitante de la planta de tratamiento

$$g_h = \{h + (f + F)/H\}/(p - k)y$$

El coeficiente 0,436 en el denominador en la fórmula de impuesto neto es una consecuencia de la forma peculiar del impuesto sudafricano. Si el impuesto hubiera sido de 60%, la fórmula habría sido

$$g = \{0{,}4h + (0{,}4f + F')/H\}/0{,}4(p - k)y$$
$$\text{o } g = \{h + (f + F'/0{,}4)/H\}/(p - k)y$$

Esta es idéntica a la fórmula previa al impuesto, excepto que el término del costo de oportunidad, F', se infla al dividir por el complemento de la tasa de impuestos

(0,4 = 1 – 0,6).

En el Estudio de Caso 5 (página 126) se ilustra una evaluación tanto anterior como posterior al impuesto.

Recuperación variable del molino

La recuperación del molino a menudo depende de la ley del material alimentado y, además, la relación puede tomar muchas formas. Una forma común se puede representar con la fórmula

$$y = Y(\bar{g} - \gamma)/\bar{g}$$

Esto implica un nivel fijo de pérdida de relaves γ y, sobre esto, una recuperación que mejora con la ley de cabeza hacia Y.

Las cifras típicas para un mineral cuprífero de baja ley pueden ser

$$\gamma = 0{,}025\% \text{ y } Y = 0{,}90\ (90\%)$$

A una ley de cabeza de 0,5%, esta fórmula da

$$\begin{aligned} y &= (0{,}5 - 0{,}025) \times 0{,}9/0{,}5 \\ &= 0{,}855\ (85{,}5\%) \end{aligned}$$

Al reemplazar la fórmula en la expresión II

$$\begin{aligned} c &= (p - k)xY(\overline{g} - \gamma) - xh - m - f\tau \\ &= (p - k)xY\overline{g} - x\{(p - k)Y\gamma + h\} - m - f\tau \end{aligned}$$

Esta es la misma forma que da la expresión II, pero con un coeficiente diferente; en vez de h existe el término $(p - k)Y\gamma + h$. Así, todos los análisis anteriores aún son aplicables, pero el costo de tratamiento se debe inflar agregando el término $(p - k)Y\gamma$, que es realmente una medida del valor inherente de los relaves.

Recuperación y producción variable del molino

Volviendo a hacer referencia a la fórmula básica II, con la limitante de la planta de tratamiento,

$$v = (p - k)xy\overline{g} - xh - x(f + F)/H - m$$

Hasta ahora se ha supuesto, al maximizar esta expresión, que solo x y g varían y que ambos simplemente dependen de la ley de corte. Es posible tener supuestos mucho más complicados. La maximización es, entonces, algo más complicada, pero aún factible. Por ejemplo, a menudo ocurre que la recuperación en el molino depende de la ley de alimentación que, a su vez, depende del corte.

$$y = y(\overline{g}) \qquad\qquad = y(g)$$

Un ejemplo de esto fue el tema de la sección anterior. Además, eso sí, el molino puede tener una capacidad diseñada de $\bar{H}$, pero la tasa de alimentación, en la práctica, puede ser variada con alguna ganancia o pérdida posterior en la recuperación

$$y = y(H)$$

combinando estos dos efectos

$$y = y(g, H)$$
$$\text{y } v = (p - k)xy\overline{g} - xh - x(f + F) / H - m$$

es una función de las dos variables *g* y *H.*

Una expresión de este tipo se puede maximizar encontrando los puntos estacionarios

$$\delta v/\delta g = \delta v/\delta H = 0$$

Si $\phi(z)$ es la función de la distribución de la ley

$$x = \int_g^\infty \phi(z)dz \qquad x = \int_g^\infty \bar{g}\phi(z)dz$$

$$\text{Entonces } \delta v/\delta g = (p-k)[x\bar{g}\delta y/\delta g - yg\phi(g)] + \phi(g)\,\{h + (f+F)/H\}$$
$$y\ \delta v/\delta H = (p-k)x\bar{g}\delta y/\delta H + x(f+F)/H^2$$

Si ponemos estas dos expresiones iguales a cero y las volvemos a ordenar:

$$g = \{h + (f+F)/H\}/(p-k)y + (\delta y/\delta g)x\bar{g}/y\phi$$
$$y\ 0 = (p-k)XG\delta y/\delta H + x(f+F)/H^2$$

La primera de estas ecuaciones muestra que la ley de corte es la misma que antes, pero con un término agregado relacionado a la tasa de cambio de recuperación con la ley. Las ecuaciones de este tipo se pueden resolver usando métodos numéricos que se pueden adaptar fácilmente a las aplicaciones computacionales. Wouter Schaap los estudió con algo de detalle y sus publicaciones se incluyen en las referencias. Sin embargo, este capítulo no tiene la intención de ir tras tales complejidades, sino solo de mostrar que la teoría sigue siendo válida.

APÉNDICE

Software para la optimización de la ley de corte

Los programas computacionales diseñados para realizar los cálculos de la ley de corte óptima son, esencialmente, herramientas sofisticadas de planificación minera. Él cálculo de una la ley de corte óptima para un conjunto particular de condiciones no es difícil. Incluso cuando los términos del valor presente se tengan que estimar, la aritmética sigue estando dentro de las capacidades de una calculadora portátil. El cálculo de una política de corte completa, eso sí, es un asunto diferente; una secuencia de leyes de corte para la vida útil de la mina se tiene que calcular y, además, la secuencia tiene que ser consistente en cuanto a que los flujos de caja anuales y los valores presentes correspondientes deben relacionarse consistentemente a cada ley de corte en la secuencia.

Las políticas de corte completas no son un requerimiento normal para las operaciones diarias de la mina, pero son importantes para una planificación minera a más largo plazo. Las leyes de corte futuras afectan a los requerimientos de desarrollo, uso de equipos y resultados y también afectan a los flujos de caja futuros... son el recurso que sustenta a toda la planificación.

Más allá de esto, los proyectos para expandir o mejorar los desempeños implican un cambio en las políticas de corte y, además, los estudios de Prefactibilidad implican la comparación de muchos planes alternativos, cada uno con políticas de corte asociadas que se tienen que evaluar para un rango de condiciones.

Los programas de optimización de corte están diseñados para ayudar en este tipo de planificación. Los datos de entrada son de dos tipos, los parámetros económicos y la información de tonelaje/ley en la secuencia de incrementos de la mina. Los parámetros económicos definen la operación minera como un conjunto de capacidades, costos, recuperaciones y precios. La información de tonelaje/ley define las reservas de mineral en un conjunto de etapas a través de las que se planifica el avance de la minería. Los programas calculan la política de corte óptima correspondiente a los valores de entrada y compilan las tablas de producción, el flujo de caja y los valores presentes. Una vez configurados, los valores de los parámetros se pueden cambiar fácilmente y las políticas se pueden reevaluar rápidamente.

Uno de los programas generales más antiguos, el OGRE, se escribió durante la década de 1960 para ayudar con la planificación de varias minas a rajo abierto de gran escala. Desde esa época se ha mejorado sustancialmente y se ha extendido para aplicarse a muchas operaciones bajo una amplia variedad de circunstancias. Con el pasar de los años muchos otros programas se han desarrollado para aplicaciones particulares y hay paquetes basados en hojas de cálculo, de los que algunos son muy poderosos, que se han usado de manera exitosa. Más recientemente (2001-2016), otro programa general fue desarrollado por el Dr. Brett King, en Australia. Se llama *COMET Optimal Scheduler* y se puede acomodar a varios tipos de roca, metales, procesos, acopios, variaciones de parámetro con tiempo y tonelaje, así como a secuenciamiento, mezclas y relaciones producción/recuperación. Para ilustrar la aplicación de estos programas, en las siguientes páginas se muestran ejemplos de los archivos de entrada y de las tablas de salida de una ejecución de OGRE.

Desarrollos o construcciones futuras

La determinación de una política de ley de corte óptima es solo una parte de la generación de planes mineros óptimos, que es un problema mucho más grande. Los programas de ley de corte suponen que una secuencia minera óptima ya se ha desarrollado y calculan las políticas de corte óptimas para esta secuencia. En la práctica, el desarrollo de secuencias mineras óptimas no es fácil de realizar y se tienen que hacer algunas suposiciones acerca de la definición del mineral antes de que el proceso pueda comenzar. Esto lleva a ciclos repetidos en los que las modificaciones se realizan alternadamente en la secuencia de explotación y en la política de la ley de corte, hasta que se llega a algunos óptimos combinados satisfactorios. Los procedimientos interactivos de este tipo pueden ser complejos y tomar mucho tiempo.

Algún tipo de sistema para la integración de estas dos actividades o para la facilitación de su coordinación traería beneficios sustanciales a una planificación minera de largo plazo. Hay un sistema llamado *OGRE Plus*, que actúa como una ayuda para acelerar el proceso y hay varios centros que están investigando este problema. Sin embargo, esta es un área donde es necesario realizar muchos desarrollos de programas.

TABLA A.1. ARCHIVO DE RESERVAS DE UN SOLO METAL
Archivo: RESERVl.DAT

```
Prueba de reservas de un solo metal (3 bloques) Bloque de ley alta
         5          0,1     0,2     1,0
              20            0,0
              30            0,2
              40            0,4
              50            0,6
              60            0,9
Prueba de reservas de un solo metal (3 bloques) Bloque de ley baja
         5          0,1     0,2     1,0
              60            0,0
              50            0,2
              40            0,4
              30            0,6
              20            0,9
Prueba de reservas de un solo metal (3 bloques) Bloque de ley media
         5          0,1     0,2     1,0
              40            0,0
              40            0,2
              40            0,4
              40            0,6
              40            0,9
* * * *
```

Archivo de reservas

En la Tabla A.1 se muestra un espécimen de un archivo de reserva de mineral que entrega las reservas en tres incrementos. Para cada incremento, la cantidad de categorías de leyes, la ley mínima y el intervalo de leyes se citan en una sola línea. Esta línea es seguida por líneas adicionales que dan los tonelajes y las leyes promedio en cada categoría.

Por supuesto, las cifras del espécimen se han simplificado deliberadamente, aunque generalmente, habrá más categorías y más incrementos. Para ahorrarse la preparación manual, se puede crear un archivo en una forma adecuada por parte de una planificación minera anterior o por un programa de calendarización, si se usa uno con este fin.

TABLA A.2. EJEMPLO DE ARCHIVO DE ENTRADA

Archivo: INPUT.DAT

Demostración de metal único. Esta demostración muestra el trazado de un archivo de entrada típico con su producto: dos tablas de resultado. Están dirigidos a la pantalla, pero también se pueden imprimir al presionar Ctrl. Pr.

TABLAS	6	8						
SALIDA	1							
DESCUENTO	15,0							
ACOPIOS	2							
	0,35	5	0,4					
	0,25	10	0,3					
CONSTANTES								
Y	90							
CAPL	9,5							
CW	0,5							
- - - -								
TIEMPO	1	2	3	4	5	6	9	10
CAPM	24,0	−1	−1	−1	−1	−1	−1	−1
CAPL	12,0	−1	−1	−1	−1	18,0	−1	−1
F	6,0	−1	−1	−1	7,0	−1	−1	−1
CM	1,25	−1	−1	−1	−1	−1	−1	1,5
CL	3,60	−1	−1	−1	−1	−1	3,1	−1
CK	4,00	−1	−1	−1	−1	−1	−1	−1
FINJ	0,00	−1	−1	−1	15	0	0	0
PREC	14	15	16	17	18	19	−1	−1
- - - -								
TONN	0,0	150	225	300				
CAPM	0,0	0,0	6,00	−1				
FINJ	0,0		2,0					
CW		,25	0,5	,75				
- - - -								

Archivo de entrada de datos

En la Tabla A.2 se muestra un espécimen de un archivo de datos operacionales. Los parámetros operacionales se nombran según la nemotécnica que se enumera en la Tabla A.3. La ejecución especificada por el archivo de datos incluye dos acopios con leyes mínimas de 0,35 y 0,25, y tonelajes iniciales de 5,0 y 10,0, respectivamente.

TABLA A.3. DEFINICIONES NEMOTÉCNICAS DE ENTRADA

Un solo material			Dos materiales
CAPM	Capacidad de la mina		CAPM
CAPL	Capacidad del molino		CAPL
CAPK	Capacidad del mercado	— metal 1	CPK1
		— metal 2	CPK2
CM	Costo unitario minería		CM
CL	Costo unitario molino		CK1
CK	Costo unitario comercialización		CK2
CS	Costo unitario de recogida desde el acopio		
Y	Recuperación del molino (%)	— metal 1	Y1
		— metal 2	Y2
PREC	Precio	— metal 1	PRC1
		— metal 2	PRC2
F	Costo fijo del período		F
FINJ	Inyección de capital		FINJ
YS	Material del acopio de la recuperación del molino (%)		
CW	Costo unitario de descarga de salarios		CW
COG	Ley de corte	— metal 1	COG1
	(calculado si no está especificado)	— metal 2	COG2
QS	Tasa de retiro desde el acopio		

Se especifican cinco parámetros como que tienen valores constantes, ocho que varían con el tiempo y tres que tienen incrementos agregados definidos por el tonelaje. Esto quiere decir, en este ejemplo, que la capacidad minera aumenta por 6,0 después de que 225 unidades de la reserva se hayan explotado y que los costos por el transporte del estéril aumentarían por 0,25, 0,5 y 0,75 después de que 150, 225 y 300 unidades hayan sido explotadas. Se hace una inyección de capital de 2,0 para corresponder con el aumento en la capacidad minera.

La capacidad de la planta de tratamiento aumenta desde 12,0 a 18,0 en el año 6 y una inyección de capital de 15,0 ocurre el año anterior. El precio aumenta constantemente durante los primeros 6 años, el costo de la explotación aumenta en el año 10, los costos fijos aumentan en el año 5 y los costos de tratamiento se reducen en el año 9. Hay otros dos parámetros, la capacidad de la mina y los costos del comercialización, que se enumeran como dependientes del tiempo, aunque no se especifica ningún cambio en particular. Esta anomalía puede surgir durante una secuencia de ejecuciones cuando, a veces, los cambios se incluyen y, a veces, se cancelan.

TABLA A.4. TABLA DE PRODUCCIÓN DEL PERÍODO

			Valor Presente Óptimo			*Vida Útil*		
			148,3			*27*		
Período	*Bloque Principal*	*Capacidad Lim.*	*Cog. Óptimo.*	*Cantidad Explotada*	*Cantidad Conc'd*	*—— Mín1 —— Cantidad*	*Ley*	*Flujo de Caja*
1	1	L	0,348	17,08	12,00	7,45	0,690	1,40
2	1	L	0,370	17,64	12,00	7,57	0,701	9,17
3	1	L	0,387	18,10	12,00	7,66	0,709	17,02
4	1	L	0,400	18,47	12,00	7,73	0,715	24,93
5	1	L	0,411	18,77	12,00	7,78	0,721	31,90
6	1	K	0,310	21,24	15,72	9,50	0,671	49,59
7	1	K	0,302	21,13	15,81	9,50	0,667	49,49
8	1	K	0,293	21,04	15,90	9,50	0,664	49,39
9	1	K	0,255	20,71	16,25	9,50	0,650	57,01
10	1	K	0,234	20,57	16,44	9,50	0,642	51,62
11	2	M	0,193	12,26	8,33	4,28	0,571	20,52
12	2	M	0,193	24,00	14,02	6,33	0,502	3,50
13	2	M	0,193	30,00	17,53	7,91	0,502	6,12
14	2	M	0,193	30,00	17,53	7,91	0,502	6,12
15	2	M	0,193	30,00	17,53	7,91	0,502	6,12
16	2	M	0,193	30,00	17,53	7,91	0,502	6,12
17	2	M	0,193	30,00	17,53	7,91	0,502	6,12
18	3	LK	0,242	28,78	17,54	8,49	0,538	17,27
19	3	K	0,244	26,70	17,53	9,50	0,602	36,53
20	3	LK	0,239	26,63	17,60	9,50	0,600	36,49
21	3	LK	0,234	26,55	17,67	9,50	0,597	36,44
22	3	LK	0,229	26,47	17,76	9,50	0,594	36,38
23	3	LK	0,223	26,39	17,85	9,50	0,591	36,31
24	3	LK	0,217	26,30	17,96	9,50	0,588	36,22
25	3	LK	0,219	26,31	17,93	9,511	0,589	36,24
26	4		0,000	4,86	3,35	1,76	0,585	−0,10
27	4		0,000	0,00	0,00	0,00	0,000	−2,65

El símbolo –1 causa una repetición de la última cifra especificada y es necesaria para distinguir este requerimiento de cero. Los años no especificados también causan, automáticamente, una repetición de la cifra anterior. Esta forma de entrada se ha adoptado para hacer que la preparación de datos sea lo más simple posible por lo que, generalmente, solo es necesario especificar los cambios. Las unidades son inherentes en los datos y, por lo tanto, no se mencionan.

TABLA A.5. TABLAS DE ACOPIO POR PERÍODO

		Acopio 1				Acopio 2			
	Bloque	Cant.		Cambio.	Ley.	Inicial		Cambio de.	Ley.
Período	Principal	Inic..	Ley	De Cant.	Prom.	Cant.	Ley	Cant.	Prom
1	1	5,0	0,40	0,0	0,00	10,0	0,30	1,5	0,27
2	1	5,0	0,40	0,4	0,35	11,5	0,30	1,5	0,27
3	1	5,4	0,39	0,7	0,35	13,0	0,29	1,6	0,27
4	1	6,0	0,39	0,9	0,35	14,5	0,29	1,6	0,27
5	1	7,0	0,38	1,2	0,35	16,2	0,29	1,6	0,27
6	1	8,1	0,37	0,0	0,00	17,8	0,29	1,0	0,25
7	1	8,1	0,37	0,0	0,00	18,9	0,29	0,8	0,25
8	1	8,1	0,37	0,0	0,00	19,7	0,28	0,7	0,25
9	1	8,1	0,37	0,0	0,00	20,4	0,28	0,1	0,25
10	1	8,1	0,37	0,0	0,00	20,5	0,28	0,0	0,00
11	1	8,1	0,37	0,0	0,00	20,5	0,28	0,00	0,00
12	2	8,1	0,37	−8,1	0,37	20,5	0,28	0,00	0,00
13	2	0,0	0,00	0,0	0,00	20,5	0,28	0,00	0,00
14	2	0,0	0,00	0,0	0,00	20,5	0,28	0,00	0,00
15	2	0,0	0,00	0,0	0,00	20,5	0,28	0,00	0,00
16	2	0,0	0,00	0,0	0,00	20,5	0,28	0,00	0,00
17	2	0,0	0,00	0,0	0,00	20,5	0,28	0,00	0,00
18	2	0,0	0,00	0,0	0,00	20,5	0,28	0,00	0,00
19	3	0,0	0,00	0,0	0,00	20,5	0,28	0,00	0,00
20	3	0,0	0,00	0,0	0,00	20,5	0,28	0,00	0,00
21	3	0,0	0,00	0,0	0,00	20,5	0,28	0,00	0,00
22	3	0,0	0,00	0,0	0,00	20,5	0,28	0,00	0,00
23	3	0,0	0,00	0,0	0,00	20,5	0,28	0,00	0,00
24	3	0,0	0,00	0,0	0,00	20,5	0,28	0,00	0,00
25	3	0,0	0,00	0,0	0,00	20,5	0,28	0,00	0,00
26	3	0,0	0,00	0,0	0,00	20,5	0,28	0,00	0,00
27	4	0,0	0,00	0,0	0,00	20,5	0,28	−20,5	0,28

Comúnmente, habrá millones de toneladas, millones de dólares, dólares por tonelada y por centavo. Los usuarios tienen la libertad de adoptar cualquier unidad, pero deben mantenerse consistentes.

Salida

El archivo de salida solicitó dos de las ocho tablas posibles, que se muestran aquí como las Tablas A.4 y A.5. La primera tabla entrega los datos de producción que indican que la política de corte óptimo fluctúa desde cerca de 0,4 en los primeros años a menos de 0,2 en los años del medio, y sobre 0,2 en los últimos años. La operación está limitada por la planta de tratamiento por los primeros cinco años, por el mercado los cinco siguientes, la mina por los siete que siguen y, finalmente, por un equilibrio entre la planta de tratamiento y el mercado por los últimos ocho años. La vida útil, incluyendo los dos años de procesamiento del material del acopio al final, es de 27 años y el valor presente es 148,3.

La segunda tabla entrega los depósitos y los retiros desde el acopio. El acopio con la ley más alta se agota tan pronto se encuentra el mineral de menor ley de incremento dos, pero el acopio de menor ley permanece hasta que las reservas se hayan agotado. Incluso entonces incurre en una pérdida, por lo que la política de acumular un acopio intermedio de menor ley parecería estar injustificada.

ESTUDIO DE CASO 1

Estaño subterráneo

Esta es una mina antigua que está casi al final de sus reservas. El depósito es de tipo veta; las vetas generalmente yacen en un ángulo superficial y a un promedio de cerca de tres metros de grosor. La mimería se realiza a través de una explotación por caserones y con equipos de rastreo.

La política de desarrollo es mantener suficientes caserones preparados como para mantener al molino alimentado por cerca de un año, pero esta política se está haciendo cada vez más difícil de implementar a medida que se alcanzan los límites del cuerpo mineralizado. Como consecuencia, el molino opera a 300.000 toneladas por año, aunque su capacidad es de 360.000 toneladas por año. El producto es un concentrado que se transporta hacia una fundición local. El retorno neto de la fundición es 84% del valor del estaño contenido.

Datos

Costos variables por unidad de mineral ($/ton)

Explotación por caserones	7,5	
Transporte subterráneo ($3 × 1,5 km)		4,5
Extracción Vertical-Izaje	5,25	
Molienda	12,75	
Total	30,0	(h)
Costos fijos	$12,15 10^6/año	(f)

Los otros parámetros son:

Recuperación	72%	(y)
Precio pronosticado del estaño		$10.000/ton
Retorno neto de la fundición	$8.400/ton	(p)
Costos de Comercialización	$45/ton	(k)
Costos de desarrollo	$2,0 10^6/año	

TABLA CS1.1. RESERVAS DESARROLLADAS

			Toneladas (000)	Leyes recuperables estimadas (%)
Nivel 8	Escalón	14	15	0,47
		15	27	1,10
		16	13	1,32
		17	11	1,41
		18	8	0,98
Nivel 9	Escalón	5	24	0,64
		8	7	1,55
		9	14	0,87
		10	13	1,24
		11	5	0,73
Nivel 10	Escalón	4	32	0,40
		5	17	0,83
		6	25	0,69
		10	14	0,92
		11	12	0,59
		12	19	1,18
		13	8	1,04
	Total		264	

Ley de corte operacional normal

Debido a que la capacidad de la operación está limitada por la tasa de desarrollo y construcción, el corte relevante es el corte económico limitante para la mina, como se describe en el Capítulo 5.

$$g_m = h / (p - k)y$$
$$= 30 / 8.355 \times 0,72$$
$$= 0,50\%$$

Ley de corte de los colgantes (hanging wall)

El yacente (footwall) se define por un contacto claro, pero el yacente es, usualmente, indistinto; las leyes bajan gradualmente hacia la roca estéril. Así, su posición precisa es determinada por el muestreo y aplicando una ley de corte al colgante. En estas circunstancias, se puede suponer que el caserón se explotará de cualquier forma, por lo que ya se ha incurrido en los costos por la explotación por caserones.

Así, para el contacto con el colgante

$$g = (4{,}5 + 5{,}25 + 12{,}75) / 8.355 \times 0{,}72$$
$$= 0{,}37\%$$

Las reservas desarrolladas actualmente se muestran en la Tabla CS 1.1

Cálculos del flujo de caja ($ millones)

Al aplicar un corte de 0,5% a estas reservas, las reservas del mineral son 217.000 toneladas a 0,97%. A una producción de 300.000 toneladas por año, la posición del flujo de caja correspondiente es (para una operación menor a nueve meses)

Ingreso 0,217 × 0,97 × 0,72 × 83,55	=	12,66
Costo variable 0,217 × 30	=	6,51
Costo fijo 12,15 × 0,217/0,300	=	8,79
Costo de desarrollo o construcción 2,0 × 217/300	=	1,45
Costo total	=	16,75
Flujo de caja neto (para nueve meses)		$−4,09 millones

Esto quiere decir que la mina incurrirá en pérdidas sustanciales si continúa con su operación normal. Si se toma la decisión de cerrar la mina, pueden ocurrir varias situaciones.

1. Cierre en el plazo de un año

Los ingresos no se ven afectados porque el corte se mantiene igual. Se pueden ahorrar en costos de desarrollo y construcción, pero se incurre en los costos fijos por el año completo, aunque el mineral en la mina se agote en nueve meses, como antes.

Ingresos	=	12,66
Costos variables	=	6,51
Costos fijos	=	12,15
Flujo de caja neto (para el año completo)		$−6,00 millones

2. Cierre cuando no sea rentable

En este caso, el molino debería funcionar a su capacidad máxima hasta que se agoten las reservas del mineral. Como el molino será el limitante, la fórmula adecuada es el corte económico limitante para la planta de tratamiento

$$g_h = (h + f/H) / (p - k)y$$
$$= (30 + 12,5/0,36) / 8.355 \times 0,72$$
$$= 1,06\%$$

Al aplicar este corte a las reservas se obtienen reservas de mineral de 90.000 toneladas a 1,24%. Este es el suministro para tres meses, lo que da pie a un flujo de caja de

Ingresos 0,09 × 1,24 × 0,72 × 83,55	=	6,71
Costo variable 0,09 × 30	=	2,70
Costo fijo 12,15 × 90/360	=	3,06
Flujo de caja neto (para tres meses)	=	$+0,95 millones

3. Cierre en, digamos, seis meses

En este caso, se debería escoger el corte que maximice los ingresos durante el período de seis meses, lo que implica el tratamiento de 180.000 toneladas de mineral. Mediante una inspección, un corte de 0,65% da pie a reservas de mineral de 181.000 toneladas a 0,99%. El flujo de caja correspondiente es

Ingresos 0,181 × 0,99 × 0,72 × 83,55	=	10,79
Costo variable 0,181 × 30	=	5,43
Costo fijo 12,15 × 181/360	=	6,07
Flujo de caja neto (para seis meses)	=	$−0,71 millones

Obviamente, ninguna decisión sobre el cierre de una mina se puede tomar a la ligera. En una situación similar a la descrita en este estudio, esto dependería no solo de la rentabilidad de las reservas actuales desarrolladas, sino que también de los prospectos para un programa de desarrollo adicional. Aquí se ha supuesto que tales prospectos son malos, por lo que los costos de desarrollo y construcción son los primeros en eliminarse.

ESTUDIO DE CASO 2

Plomo/zinc subterráneo

Esta es una operación subterránea de tamaño medio, con capacidades de extracción vertical (izaje) y de molienda de 1,3 millones de toneladas al año. El cuerpo mineralizado es amplio, se entierra con una pendiente pronunciada y es bastante consistente a lo largo de varios kilómetros, según las perforaciones de preproducción hechas desde la superficie.

El método de minería es el hundimiento de subniveles. El contenido de plomo es de importancia secundaria en relación al zinc y, como su valor es aproximadamente la mitad, las pruebas de plomo se convierten a un equivalente de zinc dividiéndolo por dos. Las reservas se compilan sobre esta base y la ley es controlada completamente por los equivalentes del zinc. Las leyes operacionales se determinan desde muestras de canal tomadas de las paredes de los cortes transversales del desarrollo y la construcción. La dilución tiene un promedio de alrededor de 15% y las recuperaciones de metales desde la explotación por caserones promedian 88%. Los tonelajes y leyes de estudio son, por lo tanto, multiplicados por un factor de tonelaje de 1,15 y un factor de ley de 0,77 (0,88/1,15) para que resulten en estimaciones de los tonelajes y las leyes que se lograrán durante el proceso de la explotación. Es a estas cifras que se aplican los leyes de corte.

Hay dos leyes de corte operacionales. Uno define los colgantes y los yacentes más allá de los que no hay perforaciones ni tronaduras adicionales. El otro define el punto al que el material ya no se saca como mineral, sino que se deja en los caserones como estéril. Las leyes en los puntos de extracción se miden regularmente mediante muestras de ley.

El gobierno tomó una participación de 51% en la mina al comienzo del año. Un estudio financiero intensivo en ese momento valorizó la propiedad en base a su potencial de ganancia de efectivo, en $150 millones, usando una tasa de descuento previa al impuesto de 15%.

Datos

Costos unitarios variables ($/tonelada mineral)

Perforación y tronaduras	3,6		
Limpieza	1,5		
Transporte	3,2		
Izaje	6,8		
Molino	11,4		
Total	26,5		
Costos fijos	$15,3 millones/año		(f)
Capacidad del molino	1,3 millones de toneladas/año		(H)
Recuperación del molino (y)			81%
Precio pronosticado del Zn			(i)
$750/ton Zn en concentrado			(p)
(neto en fundición)			
	(ii)	$650/ton de Zn año 1	
		$750/ton de Zn de ahí en adelante	
Despacho y seguros	$35/ton de Zn		(k)

Cálculos de corte

Debido a que la capacidad de extracción vertical (izaje) y de molienda son la limitante de producción, la fórmula pertinente para la ley de corte es el corte económico limitante para la planta de tratamiento, que se deriva en el Capítulo 5.

$$g_h = \{h + (f + F) / H\} / (p - k)y$$

Suponiendo condiciones económicas constantes en el futuro, *F* es dado por

$$\begin{aligned} F &= \delta V \\ &= \$0{,}15 \times 150 \text{ millones} \\ &= \$22{,}5 \text{ millones} \end{aligned}$$

h toma dos valores diferentes dependiendo del corte que se esté considerando.

1. Corte del colgante y del muro de pie

En este caso, se incurrirá en todos los costos variables si el material se clasifica como mineral en vez de roca estéril.

$$h = \$26{,}5/\text{ton}$$

y

$$g = \{26{,}5 + (15{,}3 + 22{,}5)/1{,}3\} \,/\, \{(750 - 35) \times 0{,}81\} = 55{,}6 / 579 = 9{,}6\%$$

2. Corte del punto de extracción

En este punto ya se ha incurrido en los costos de perforación y de tronadura. Por lo tanto, solo el restante se ve afectado, por lo que

$$h = \$22{,}9/\text{ton}$$

y

$$g = 52{,}0 / 579 = 9{,}0\%$$

Estas cifras son altas debido a la inclusión de \$22,5 millones para *F*. Si la mina estuviera cerca del fin de su vida útil, como en el Estudio de Caso 1 (página 106) o si estuviera balanceándose al borde de la rentabilidad, la ley de corte de extracción estaría dada por

$$g = \{22{,}9 + 15{,}3/1{,}3\} \,/\, (750 - 35) \times 0{,}81 = 34{,}7 / 579 = 6{,}0\%$$

Además, si el molino estuviera, en cualquier momento, sin alimentación, el corte podría reducirse al corte de la mina para resarcir la deficiencia. Esto, para el corte de extracción, está dado por

$$g = 22{,}9 / 579 = 4{,}0\%$$

Efecto del cambio en el precio

El efecto de un cambio en el precio se puede ilustrar al suponer que hay una caída repentina en el precio desde la cifra estimada de \$750 por tonelada neta de los cargos de la fundición, a \$650 por tonelada Al suponer una ley de cabeza promedio de, digamos, 14%, esto causará una caída correspondiente en los ingresos de alrededor de \$14,7 millones por año. Si esto se juzga solo como un fenómeno temporal, donde el precio se recuperará a su nivel pronosticado dentro de un año, entonces

Valor presente ahora = 150 – 14,7 / (1,0 + 0,15)

= $137,2 millones

El valor presente a un año desde ahora, pero con las mismas reservas que hay ahora

= $150 millones

(Se supone que el precio se recuperará al nivel en el que el valor presente de $150 millones se estimó originalmente).

Por lo tanto

dV/dT = (Valor presente a un año desde ahora) – (Valor presente ahora)

= $12,8 millones

y F = δV – dV/dT

= 0,15 × 137,2 – 12,8

= $7,8 millones

Al reemplazar este valor en la fórmula de corte de extracción

g = {22,9 + (15,3 + 7,8)/1 ,3} / (650 - 35) × 0,81

= 40,7 / 498

= 8,2%

Así, la fórmula indica que, en respuesta a una caída temporal en el precio, la ley de corte se debería reducir levemente de 9% a 8,2%. Esto resulta en un contraste riguroso contra todas las otras fórmulas de corte, que indican un aumento debido al denominador más pequeño.

ESTUDIO DE CASO 3

Uranio a rajo abierto

Esta es una operación a rajo abierto y de tamaño mediano, que comenzó su producción con el apoyo de contratos gubernamentales robustos para el producto. A estos contratos les quedan aún cinco años, pero más allá de esto, el futuro es incierto aunque los directores están optimistas a pesar de la falta de cualquier demanda puntual actual. Debido a que el desarrollo y la construcción fueron financiados con la ayuda de préstamos blandos, se usa una tasa de descuento del 10% para el costo del capital. El flujo de caja operacional actual es de alrededor de $15 millones por año. Por más de cinco años a 10%, esto resulta en un valor presente de $57 millones.

Para ese momento, las reservas solo se habrán agotado en un 25% y los directores consideran que al resto se le debería asignar al menos el mismo valor. Por lo tanto, han evaluado una valorización de $60 millones para la operación más allá del quinto año.

Los contratos son por 900 toneladas al año. El precio no se ha revelado pero, para los fines de este ejercicio, se usó una cifra de $60 kg ex-mina. La mina se diseño específicamente para cumplir con los requerimientos de los contratos. El equipo de la mina puede transportar cerca de 12 millones de toneladas por año desde la mina y la capacidad del concentrador es solo un poco menor a cuatro millones de toneladas por año.

Datos

Capacidades

Minería	12 millones de toneladas/año	(M)
Tratamiento	3,9 millones de toneladas/año	(H)
Comercialización	900 toneladas/año	(K)

Costos unitarios variables

Minería	\$1,32/tonelada de material	(m)
Tratamiento	\$3,41/toneladas de mineral	(h)
Impuestos a la propiedad	\$1,78 millones/año	(f)
Gastos generales	\$3,82 millones/año	
Otros fijos	\$6,30 millones/año	
Total	\$11,90 millones/año	
Precio	\$60/kilo	(p)
Recuperación	87%	(100y)
Costo de capital	10% antes del impuesto	(100δ)
Valor presente ahora	$\$\{57 + 60/(1,1)^5$ millones = \$94,3 millones	(V*)
Valor presente año próximo	$\$\{47,5 + 60/(1,1)^4\}$ millones = \$88,5 millones	
Cambio en P.V.	−\$5,8 millones	(dV* / dT)
Costo de oportunidad	$\$\{0,1 \times 94,3 + 5,8\}$ millones = \$15,2 millones	(δV* − dV*/dT) (F)

Leyes de corte económicas limitantes

Aplicando las fórmulas desde el Capítulo 5

$$g_m = h/(p - k)y$$
$$= 3,41/60 \times 0,87 = 0,07 \text{ kg/ton}$$
$$g_h = \{h + (f + F)/H\} / (p\text{-}k)y$$
$$= \{3,41 + (11,90 + 15,2) / 3,9\} / 60 \times 0,87$$
$$= 0,20 \text{ kg/ton}$$
$$g_k = h / \{p - k - (f + F)/K\}y$$
$$= 3,41 / \{11,90 + 15,2) / 0,9\} \times 0,87$$
$$= 0,13 \text{ kg/ton}$$

Leyes de corte de equilibrio

Como no hay ninguna razón anterior para que cualquiera de estas sea una ley de corte óptima y efectiva, las leyes reales disponibles para la minería en el futuro inmediato se deben analizar. La Tabla CS3.1 entrega cifras típicas para

TABLA CS3.1.
PLAN DE LA MINA PARA LAS SIGUIENTES 3 MILLONES DE TONELADAS DESDE LA MINA

Rango Leyes Uranio (kg/ton)		*Toneladas (tons)*	*Ley (kg/t)*	*Metal (kg)*	*A Toneladas Ac. (tons)*	*B Metal Acum. (kg)*	*Coef. A/2975*	*Coef. B/2975*	*Coef. B/A*
	< 0,1	1.540			2.975		1,0		
0,10	0,12	82	0,112	9,184	1.435	334,319	0,48	0,112	0,23
0,12	0,14	143	0,129	18,447	1.353	325,135	0,45	0,109	0,24
0,14	0,16	129	0,153	19,737	1.210	306,688	0,41	0,103	0,25
0,16	0,18	152	0,172	26,144	1.081	286,951	0,36	0,096	0,27
0,18	0,20	134	0,188	25,192	929	260,807	0,31	0,088	0,28
0,20	0,22	117	0,207	24,219	795	235,615	0,27	0,079	0,29
0,22	0,24	93	0,230	21,930	678	211,396	0,23	0,071	0,31
0,24	0,26	59	0,254	14,986	585	189,466	0,20	0,064	0,32
0,26	0,28	78	0,271	21,138	526	174,48	0,18	0,059	0,33
0,28	0,30	63	0,289	18,207	448	153,342	0,15	0,052	0,34
	>0,30	385	0,351	135,135	385	135,135	0,13	0,045	0,35
Total		2.975							

un plan de explotación a corto plazo, que cubre la producción de alrededor de tres meses o las siguientes 3 toneladas desde la mina. Como se describió en el Capítulo 6, un plan como este implica que los tres componentes del sistema minero se equilibrarán en pares con ciertas leyes de corte. Estos se pueden calcular al extender la tabla de tonelajes y de leyes que incluirán los contenidos minerales y los totales acumulativos por sobre cada nivel de ley, como se ve en la Tabla CS3.1. Luego, los coeficientes de mineral potencial a material total, de metal correspondiente a material total y metal a mineral potencial, también se pueden calcular. Las leyes de corte de equilibrio están donde estos coeficientes equivalen a los coeficientes de capacidad correspondientes.

Al permitir la recuperación, las capacidades son

$$M = 12 \qquad H = 3,9 \qquad K = 0,9/0,87 = 1,034$$

Por ende, los coeficientes son

$$H/M = 0,33 \qquad K/M = 0,086 \qquad K/H = 0,27$$

Al inspeccionar desde la tabla:

$g_{mh} = 0{,}17$ kg/ton

$g_{mk} = 0{,}18$ kg/ton

$g_{hk} = 0{,}16$ kg/ton

Ley de Corte Óptima y Efectiva

Ahora, si nos referimos a las fórmulas del Capítulo 7

$G_{mh} = 0{,}17$ ($g_m = 0{,}07$, $g_{mh} = 0{,}17$, $g_h = 0{,}20$)

$G_{mk} = 0{,}13$ ($g_m = 0{,}07$, $g_k = 0{,}13$, $g_{mk} = 0{,}18$)

$G_{hk} = 0{,}16$ ($g_k = 0{,}13$, $g_{hk} = 0{,}16$, $g_h = 0{,}20$)

Por lo tanto, la ley de corte óptima y efectiva está en el medio de las tres, principalmente en 0,16 kg por tonelada. Este es el corte en el que el concentrador y el mercado están justo en equilibrio, ambos a capacidad completa.

Cálculo del flujo de caja

Aunque el tonelaje en el plan de la mina es suficiente solo para una parte del año, se puede estimar un equivalente anual del flujo de caja ($ millones).

Ingreso	900 × 1.000 × 60 = 54
Costos mineros	(3,9/0,36) × 1,32 = 14,3
Costo de concentración	3,9 × 3,41 = 13,3
Costos fijos	= 11,9
Costos totales	= 39,5
Flujo de caja neto	$14,5 millones por año

Esta cifra se compara satisfactoriamente con la cifra inicial de $15,0 millones en la que la estimación del valor presente se basó. Si la discrepancia fuera grande, se podría estimar un nuevo valor presente y se podría repetir el cálculo. Rara vez es necesario realizar más de una iteración para lograr una consistencia satisfactoria.

Sensibilidad a la estimación del valor presente

La estimación del valor presente, en este caso, no está bien fundamentada, por lo que es instructivo examinar en qué medida el corte se ve afectado por los diferentes supuestos del valor presente. Si tomamos un rango de más o menos $5 millones/año en el costo de oportunidad:

$$F1 = 15{,}2 + 5 = \$20{,}2 \text{ millones}$$
$$F2 = 15{,}2 - 5 = \$10{,}2 \text{ millones}$$

Si reemplazamos estas cifras y repetimos el cálculo de corte:

	F1	F2
g_m	= 0,07	0,07 kg/ton
g_h	= 0,22	0,17 kg/ton
g_k	= 0,16	0,11 kg/ton

Las leyes de corte de equilibrio no se ven alteradas, por lo que:

G_{mh}	= 0,17	0,17 kg/ton
G_{mk}	= 0,16	0,11 kg/ton
G_{hk}	= 0,16	0,16 kg/ton

Por lo tanto, la ley de corte óptima y efectiva sigue siendo la misma, de 0,16 kg por tonelada. Este es un ejemplo de una operación que está confinada de cerca por las tres capacidades de componentes y que es relativamente insensible a las variaciones económicas.

ESTUDIO DE CASO 4

Cobre/molibdeno a rajo abierto,

Esta mina se abrió muy recientemente y se basa en un cuerpo mineralizado de un alcance limitado, que yace justo debajo de la superficie. Un programa de perforación indicó que hay un tonelaje mineralizado de cerca de 12 millones, y un estudio preliminar de rajo abierto mostró que la mayor parte de este tonelaje se podría recuperar desde el rajo final, incluyendo la sobrecarga que contiene 15 millones de toneladas del material total.

Se derivó un análisis del tonelaje, tanto en las categorías de cobre como de molibdeno, desde una representación poligonal de las reservas basada en los datos de la perforación. Los resultados de este análisis se resumen en la Tabla CS4.1.

Se propuso una planta de tratamiento de 750.000 toneladas y el costo capital total de la planta, los caminos de acceso, el agua, la electricidad, el alcantarillado, las oficinas y la ingeniería se estimó en menos de $8 millones. El dinero se recolectó localmente y la operación comenzó de manera temprana y dentro del presupuesto. Los inversionistas esperan un retorno de al menos 20% sobre su dinero y la explotación la realiza un contratista de ingeniería civil local. Tener planes mineros detallados y a largo plazo es considerado innecesario, pero se mantiene un plan aproximado para el siguiente millón de toneladas de la excavación, más o menos, para dirigir las actividades del contratista.

Por temas de conveniencia práctica, las leyes para este plan se basan solo en el cobre y la ley se controla en la mina, completamente, usando pruebas de cobre desde las muestras del detritus de las tronaduras. La ley de corte actual es de 0,3% de Cu. Cuando sea necesario para las estimaciones de valor, el molibdeno se convierte a un equivalente de cobre, a un coeficiente de 1:4. Se piensa que representa los diferenciales de precio y de recuperación y la naturaleza relativamente volátil del mercado del molibdeno. Hasta ahora, la producción ha sido razonablemente consistente con las estimaciones de las reservas.

TABLA CS4.1. EJEMPLO DE RESERVAS DE DOS METALES - COBRE/MOLIBDENO

Tabla CS4.1. Ejemplo de reservas de dos metales - cobre/molibdeno

	Categorías de molibdeno (%)						
Categorías de cobre (%)	*Menos de 0,025*	*0,026-0,050*	*0,050-0,075*	*0,076-0,100*	*Encima 0,100*	*Total*	*Cu/Equivalente Ø*
Menos de 0,10	1,320	900	285	315	510	3,330	
0,11-0,20	0,12*	0,17	0,16	0,19	0,14.	0,152	0,330
	360†	300	240	135	60	1,095	
	0,017**	0,031	0,06	0,085	0,114	0,044	
0,25-0,30	0,25	0,27	0,25	0,22	0,26	252	398
	735	525	300	210	30	1,800	
	0,011	0,028	0,066	0,091	0,127	0,036	
	0,33	0,32	0,35	0,34	0,37	0,332	0,472
0,31-0,40	1110	570	375	135	30	2,220	
	0,031	0,042	0,058	0,094	0,138	0,035	
	0, 44	0,47	0,45	0,48	0,46	0,452	0,559
0-41-0,50	525	255	75	60	30	945	
	0,006	0,035	0,054	0,091	0,119	0,027	
	0,53	0,55	0,57	0,54	0,55	0,544	0,725
0,51-0,60	510	300	210	105	90	1,215	
	0,012	0,039	0,070	0,082	0,152	0,045	
	0,67	0,63	0,65	0,64	0,66	0,652	0,824
0,61-0,70	375	270	210	90	90	1,035	
Mayor a 0,70	0,014	0,029	0,062	0,085	0,120	0,043	
	0,98	1,04	1,02	1,09	1,01	1,027	1,254
	645	690	570	495	360	2,760	
	0,009	0,038	0,063	0,086	0,128	0,057	
Total	5,580	3,810	2,265	1,545	1,200	14,400	

† Toneladas (000); *Cobre promedio %; **Molibdeno promedio Este patron se siguió a lo largo de toda la table

Ø Equivalencia de valor de molibdeno/cobre =4/1

Datos

Capacidad planta tratamiento	750.000 toneladas	(H)
Costo de explotación	$1,06/tonelada minada	(m)
Costo de tratamiento	$3,52/tonelada mineral	(h)
Costo de comercialización	$63/ton de Cu	(k)
Costos fijos	$790.000/año	(f)
Recuperación	82%	(y)
Precio pronosticado	$1.700/tonelada de Cu	
Royalty	1,5%	
Precio neto del royalty	$1.674,5/ton de Cu	(p)

Estimación del valor presente a un corte de 0 3% de Cu

Desde las estimaciones de la reserva, a 0,3% de Cu:

mineral: material	= 8.175: 14.400	= 0,57
Ley promedio	= 0,83% equivalente de cobre	

Por lo tanto, el flujo de caja anual es dado por ($ millones):

Ingreso $0,75 \times 0,83 \times 0,82 \times (1.674,5 - 63) / 100$

= 8,22

Costos

Minería $(0,75 \times 1,06 / 0,57)$	= 1,40
Tratamiento $(0,75 \times 3,52)$	= 2,64
Costos fijos	= 0,79
Costos totales	= 4,83
Flujo de caja neto	=$3,39
Vida útil de la minería	10,9 años
Valor presente a 20%	= $14,7 millones

Cálculo del corte

Este valor presente estimado se puede usar para calcular una nueva ley de corte. La fórmula pertinente desde el Capítulo 5 es la ley económica limitante para el componente de tratamiento.

$$g_h = \{h + (f + F)/H\}/(p - k)y$$

$$= \{3{,}52 + (0{,}79 + 2{,}97)/0{,}75\}/(1.674{,}5 - 63) \times 0{,}82$$

$$= 0{,}65\%$$

Sin embargo, este es un caso de una medida paramétrica, porque las categorías de cobre son inconsistentes con los equivalentes promedio de cobre dentro de cada categoría. El corte calculado de 0,65% aplica al equivalente de cobre. Al interpolar, por inspección, desde la Tabla CS4.1, una ley equivalente de cobre promedio de 0,65% corresponde a cerca de 0,51% de la ley de cobre original. Por temas de conveniencia, tomemos una cifra de 0,50%.

Estimación del valor presente a un corte de 0 5% de Cu

Nuevamente, desde las estimaciones de la reserva a un corte de 0,5%

mineral: material = 5.010 : 14.400 = 0,35

Ley promedio = 1,037% equivalente de cobre

Por lo tanto, el flujo de caja anual es dado por ($ millones):

Ingreso {0,75 × 1,037 × 0,82 × (1.674,5 − 63)/100}

= 10,28

Costos

Minería (0,75 × 1,06/0,35)	= 2,29
Tratamiento (3,52 × 0,75)	= 2,64
Costos fijos	= 0,79
Costo total	= 5,72
Flujo de caja neto	= 4,56
Vida útil de la mina	6,7 años
Valor presente a 20%	= $16,1 millones

Determinación del corte final

Esta estimación del valor presente de $16,1 millones se podría reemplazar en la fórmula para la ley de corte y el cálculo completo se podría repetir, pero el cambio solo sería pequeño. Un corte a 0,50% de Cu es, por lo tanto, la mejor estimación que se puede lograr con este método de aproximación.

De hecho, la política de corte óptima debe lograr un valor presente más alto que $16,1 millones. Involucra un corte que se reduce durante la vida útil de la mina.

Por lo tanto, un corte fijo de 0,50% está por debajo del óptimo. Sin embargo, la discrepancia entre el valor presente estimado de esta forma y el valor presente óptimo real rara vez tiene alguna importancia cuando el único fin del cálculo es la determinación de un valor de corte actual. La aproximación es pequeña si se compara con los supuestos implícitos en las estimaciones de la reserva y las incertidumbres económicas en el futuro.

Cálculo de una política de corte completa

Como las estimaciones de la reserva se han realizado para el cuerpo mineralizado completo, es posible, en este caso, calcular una política de corte completo para la vida útil de la mina. Suponiendo los mismos datos con las condiciones económicas constantes, los resultados se muestran en la Tabla CS4.2. Se obtuvieron usando el programa OGRE.

TABLA CS4.2.

Año	Ley de corte (% de Cu)	Toneladas (000) Minado	Toneladas (000) Tratado	Efectivo neto Flujo ($M)
1	0,50	2.160	750	4,56
2	0,50	2.160	750	4,56
3	0,49	2.130	750	4,54
4	0,48	2.070	750	4,49
5	0,46	2.020	750	4,43
6	0,38	1.680	750	3,95
7	0,30	1.320	750	3,38
8	0,26	870	540	2,25

La vida útil de la mina es de 7,7 años y el valor presente es de $164 millones.

Acopio de leyes intermedias

Una estrategia obvia para mejorar la economía de una mina pequeña de este tipo es acopiar las leyes intermedias para su procesamiento posterior. Para simplificar la presentación, la estrategia para funcionar a una ley de corte de Cu constante de 0,5% se toma como la base para la comparación, Como se calculó anteriormente, resulta en un valor presente de $16,1 millones por una vida útil de 6,7 años. Esto no se aleja mucho del óptimo de $16,4 millones.

La ley de corte más baja en la que aún se realiza un aporte al flujo de caja resulta de la fórmula para aquella ley de corte, donde el tratamiento es la limitante (páginas 29-30), con un costo de oportunidad de cero

$$g_h\,(\text{Mínimo}) = \{3{,}52 + 0{,}79/0{,}75\}/(1.674{,}5 - 63) \times 0{,}82$$
$$= 0{,}35\%$$

Esta es una ley equivalente de corte. Corresponde a algo menos de 0,2% del cobre original. Un límite menor de 0,2% se toma como una aproximación conveniente.

Desde la tabla de reserva, el tonelaje entre 0,2% y 0,5% de Cu es 4,965 millones, con una ley promedio de Cu equivalente de 0,46%. Suponiendo que hay un costo de recuperación de $0,30 por tonelada desde el acopio, los costos anuales totales durante el período de reclamación del acopio son de $3,66 millones. Los ingresos desde una ley de cabeza de 0,46% de equivalente de Cu son $4,58 millones, dejando un flujo de caja neto de $0,92 millones por año. La vida útil del acopio es de 6,6 años, lo que resulta en un valor presente de $3,22 millones para la operación de reclamación, lo que hace que de verdad valga la pena hacerlo.

En términos de valores presentes, al comienzo de la operación minera completa, los $3,22 millones se tienen que descontar desde la vida útil de la mina de 6,7 años. El valor presente para la estrategia completa, con una vida útil de 13,3 años es, por lo tanto

$$16{,}1 + 3{,}22 \times (1/1{,}2)^{6.7} = \$17{,}1 \text{ millones}$$

Expansión de la planta para tratar leyes intermedias

Una estrategia alternativa al acopio es una expansión de la planta, para tratar el material cuya ley es intermedia. En este caso, las consideraciones de ingeniería indican un aumento natural en la capacidad de 0,5 millones de toneladas al año. Los costos capitales asociados, incluyendo extensiones a las instalaciones de apoyo, donde sea necesario, se estiman en $4,0 millones. El tiempo de adquisiciones y construcción se estima a un año.

Al adoptar una política de corte de 0,5 % de Cu por el primer año mientras la capacidad de la planta permanece a 750.000 toneladas por año, y 0,2% de Cu en adelante cuando la capacidad haya aumenado a 1,25 millones de toneladas al año, el cálculo sigue el mismo patrón que se siguió anteriormente y resulta en una vida útil de la mina de 7,7 años, con un valor presente correspondiente de $19,5 millones. Sin embargo, es necesario incurrir en un gasto capital de $4,0 millones. Suponiendo que se incurrió en este gasto a mitad de año, su valor presente descontado es $3,7 millones, lo que resulta en un valor presente neto para la estrategia de $15,8 millones.

Política de corte óptima de la planta expandida

En vez de dedicar la capacidad adicional de la planta al tratamiento de leyes intermedias, es posible y, por supuesto, mejor recalcular una política de corte óptima. El resultado se muestra a continuación.

TABLA CS4.3.

Año	*Ley de corte*	*Toneladas (000)*	*Toneladas (000)*	*Efectivo neto*
	(% de Cu)	*Minado*	*Tratado*	*Flujo ($M)*
1	0,48	2.070	750	4,49
2	0,47	3.410	1.250	7,96
3	0,42	3.080	1.250	7,52
4	0,31	2.290	1.250	6,32
5	0,29	2.130	1.250	6,01
6	0,17	1.410	1.000	4,14

Valor presente de $20,5 millones

Nuevamente, se ha incurrido en un gasto capital con un valor presente de $3,7 millones, por lo que el valor presente neto de esta estrategia, con una vida útil de 5,8 años, es de $16,8 millones.

Conclusión

Se podrían investigar otras estrategias. La que resulta obvia es la de la planta expandida con acopio. Sin embargo, el fin de este estudio de caso es ilustrar la importancia fundamental de la política de corte y los principios involucrados en el análisis. Las diferentes estrategias estudiadas aquí han dado como resultado vidas útiles de desde 5,8 a 13,3 años, y valores presentes que van desde $14,7 a $17,1 millones.

ESTUDIO DE CASO 5

Oro subterráneo

Esta es una típica mina profunda en las minas de filones tabulares en Sudáfrica y ha estado operando por más de 25 años. La mayor parte del área de reclamación se ha explotado y quedan algunos lugares donde las leyes no se han probado. Las reservas completamente desarrolladas para las que se han realizado compilaciones de tonelajes con una ley detallada representan casi siete millones de toneladas. Ocho millones de toneladas adicionales se juzgan como que tienen aproximadamente la misma distribución. Por lo tanto, para este estudio, una tabla de un tonelaje de una sola ley para 15 millones de toneladas completas se ha supuesto como aplicable.

Más allá de esto, se ha adjuntado un valor residual de $50 millones al resto de las reservas, que consiste de varias áreas que no se explotaron completamente porque se juzgaron como poco prometedoras, mientras las áreas principales del filón tabular aún se estaban desarrollando.

Desde las enormes cantidades de estadísticas acumuladas con los años, se ha establecido una relación entre las leyes predichas y las leyes reales que se basa en las comparaciones entre los resultados de las muestras tomadas durante el desarrollo y la construcción y los resultados de las muestras del panel tomadas posteriormente durante la explotación. La relación indica que las leyes inferiores se subestiman y que las leyes más altas se sobreestiman. Es aproximadamente lineal. El efecto podría ser integrado a los datos de ley del tonelaje, ajustando la estimación de la ley para cada escalón. Sin embargo, es más ordenado, administrativamente hablando, mantener los ajustes separados. Aquí, la relación se resume usando una tabla simple de las comparaciones promedio.

Los costos detallados están disponibles, pero la distribución de ciertos costos necesita de una mayor atención, particularmente en relación a los costos capitales, los costos de trabajo y los costos de desarrollo y construcción. Estrictamente hablando, según los conceptos económicos que sustentan la definición del mineral, un costo capital es un gasto relacionado con el establecimiento o el aumento de la capacidad de un componente del sistema minero. Otros costos capitales están relacionados o con el reemplazo y el mantenimiento o con la apertura de mayor parte del filón tabular.

Una inversión capital con el fin de expandir la capacidad afecta al cálculo del flujo del valor presente, ya que la inyección capital aumenta inmediatamente a los valores presentes posteriores, pero no tiene un efecto directo sobre el cálculo de las leyes de corte óptimas. No aparece en la fórmula para el corte económico limitante, excepto gracias al término mismo del valor presente.

De manera similar, el gasto capital para la apertura del filón tabular afecta al flujo de caja y, por ende, al flujo del valor presente, pero no tiene un efecto directo sobre el cálculo de la ley de corte óptima. Es esencialmente parte del término *m* y es un costo en que se incurre para acceder a un mineral potencial, independiente de si el material se clasifica eventualmente como mineral, o no. Por otro lado, todos los gastos de reemplazo y de mantenimiento que se juzguen como necesarios para la continuación de la operación a niveles actuales son, efectivamente, costos fijos o de tiempo. Así, sea gasto capital o no, no se puede contar como parte del término *f*.

El análisis del estudio de caso compara la ley de corte derivada desde un cálculo de equilibrio simple con aquellos obtenidos al maximizar el valor presente con impuesto bruto o impuesto neto. El supuesto, aceptable en ese tiempo, fue que las tasas de descuento correspondiente de 14% y 7% eran razonables y equivalentes.

Datos

Capacidad 1,75 millones de toneladas/año(H)

Costos variables por unidad de mineral ($/ton)

Explotación por caserones	13,5	
Transporte	3,3	
Izaje	3,9	
Procesamiento	6,4	
	——	
Total	27,1	(h)

Costos fijos ($ millones/año)		
Bombeo y Ventilación	2,8	
Instalaciones y comodidades	5,1	
Servicios	9,9	
Administración	3,6	
Artículos diversos	3,9	
	25,3	
Capital de reemplazo y mantenimiento	19,4	
Total fijo	44,7	(f)
Costos de desarrollo	$4,3/tonelada material mineralizado	(m)
Recuperación	96%	(y)
Precio neto del oro	$15/g	(p - k)
Impuesto	Y% = 60 - 360/X	
Donde	X = ingreso de capital neto como porcentaje de ingreso	
Costo de capital	7% con impuesto neto	(δ')
	14% con impuesto bruto	(δ)
Valor presente residual	$50 millones	

1) Ley de corte de equilibrio

Una ley de corte de equilibrio normalmente se basa en los costos totales de la operación, incluyendo los gastos generales y el capital de mantenimiento. Los costos de desarrollo y construcción son, normalmente, excluidos como costos encubiertos pero, por supuesto, sí afectan al flujo de caja. Los costos están razonablemente bien definidos en este caso, con la posible excepción de los costos de desarrollo y construcción. La cifra citada, de $4,3 por tonelada, es el costo promedio del desarrollo de cada tonelada agregada a la reserva. Ya se ha incurrido en este gasto para las siete millones de toneladas de material clasificadas como desarrolladas; aún se tiene que incurrir en él para el resto del área de reclamación.

TABLA CS5.1.

TABLA TONELAJE-LEY (VALORES ESTIMADOS DE LOS CASERONES)			**RELACION LEYES PREDICHAS VS LEYES REALES**	
Ley de Corte (g/ton)	*Toneladas Acumuladas (millones)*	*Ley Promedio (g/ton)*	*Leyes Predichas (g/ton)*	*Leyes Reales Promedio (g/ton)*
0,0	15,0			
3,0	12,7	5,53	3,0	3,5
3,5	10,8	5,93	4,0	4,2
4,0	9,0	6,36	5,0	4,8
4,5	7,4	6,82	6,0	5,4
5·0	6,0	7,30	7,0	6,0

Se supone, en el siguiente análisis, que la política de desarrollo es mantener alrededor de siete millones de toneladas de reservas desarrolladas. Por lo tanto, la tasa anual de desarrollo y construcción se ajusta según la ley de corte, para que las reservas recientemente desarrolladas produzcan 1,75 millones de toneladas de mineral por pagar.

La fórmula de equilibrio, en términos simples, es:

$$G = \{h + f/H\} / (p - k)y$$

$$g = \{27,1 + 44,7 / 1,75\} / 0,96 \times 15$$

$$= 52,6/14,4$$

$$= 3,7 \text{ g/ton}$$

Haciendo referencia a la Tabla CS5.1, un corte real de 3,7g por tonelada corresponde a un corte de alrededor de 3,3g por tonelada aplicada a las leyes predichas. En este corte, la tabla de reserva muestra 11,6 millones de toneladas de mineral a una ley predicha promedio de 5,77 por tonelada. Nuevamente, haciendo referencia al *v* predicho Tabla de Ley Real, una ley predicha promedio de 5,77g por tonelada corresponde a una ley real promedio de 5,26g por tonelada. (Esta conversión directa de los valores promedio es solo válida para una relación lineal). Resumiendo, un cálculo de equilibrio resulta en:

Ley de corte	3,3 g/ton

Tonelaje de mineral	11,6 millones de toneladas
Ley promedio	5,26 g/ton

El flujo de caja correspondiente, antes del impuesto, tomando los costos de desarrollo por tonelada de mineral como si fueran $\$4,3 \times 15/11,6 = 5,56$, sería

$$C = (14,4 \times 5,26 - 52,6 - 5,56) \times 1,75$$
$$= \$30,8 \text{ millones}$$

Como porcentaje del ingreso:

X	= 30,8/132,6	= 23,2%
Y	= 60 – 360/23,2	= 44,5%
Impuesto	= 30,8 × 0-445	= $13,7 millones

Por ende, el flujo de caja de impuesto neto es:

$$C' = \$17,1 \text{ millones}$$

La vida útil de las reservas restantes es:

$$11,6/1,75 = 6,63 \text{ años}$$

Los valores presentes son, aproximadamente:

Antes del impuesto PV = 30,8 × 4,14 + 0,41 × 50 = $148 millones

Después del impuesto PV = 17,1 × 5,16 + 0,64 × 50 = $120 millones

Las políticas de leyes de corte óptimas darán pie a valores presentes más altos, por lo que estas figuras se pueden redondear para llegar a estimaciones iniciales adecuadas para las fórmulas óptimas.

2) Óptimo antes del impuesto

Suponiendo un valor presente de $155 millones y al aplicar la fórmula para el corte económico con la limitante de la planta de tratamiento:

$$g = \{h + (f + F)/H\}/(p - k)y$$
$$= \{27,1 + (44,7 + 0,14 \times 155)/1,75\}/15 \times 0,96$$
$$= \{27,1 + 37,9\}/14,4$$
$$= 4,5 \text{ g/ton}$$

La ley predicha correspondiente es también 4,5g por tonelada y el tonelaje es 7,4 millones a una ley predicha promedio de 6,82g por tonelada. Esto corresponde a una ley real promedio de 5,89g por tonelada. Así

Ley de corte	4,5 g/ton
Tonelaje de mineral	7,4 millones
Ley promedio	5,89 g/ton

El flujo de caja antes del impuesto (costos de desarrollo 4,3 × 15/7,4) es

$$C = (14{,}4 \times 5{,}89 - 52{,}6 - 8{,}7) \times 1{,}75$$
$$= \$41{,}1 \text{ millones}$$

Como porcentaje del ingreso:

$$X = 41{,}1/148{,}4 = 27{,}7\%$$
$$Y = 60 - 360/27{,}7 = 47\%$$
$$\text{Impuesto} = 41{,}1 \times 0{,}47 = \$19{,}3 \text{ millones}$$

Por ende, el flujo de caja de impuesto neto es:

$$C' = \$21{,}8 \text{ millones}$$

3) Óptimo después del impuesto

Suponiendo un valor presente de impuesto neto de $125 millones y al aplicar la fórmula citada en el Capítulo 17:

$$g = \{0{,}4h + (0{,}4f + F')/H\}/0{,}436(p - k)y$$
$$= \{0{,}4 \times 27{,}1 + (17{,}9+8{,}8)/1{,}75\}/0{,}436 \times 14{,}4$$
$$= 4{,}2 \text{ g/ton}$$

Un corte real de 4,2g por tonelada corresponde a la ley de corte predicha de 4,0g por tonelada, con un tonelaje de 9,0 millones, una ley predicha promedio de 6,36g por tonelada y una ley real promedio de 5,62g por tonelada. Así

Ley de corte	4,0 g/ton
Tonelaje de mineral	9,0 millones de toneladas
Ley promedio	5,62 g/ton

El flujo de caja correspondiente, antes del impuesto (costos de desarrollo 4,3 × 15/9) es:

$$C = (14{,}4 \times 5{,}62 - 52{,}6 - 7{,}2) \times 1{,}75$$

= \$37,0 millones

Como porcentaje del ingreso:

X	= 37,0/141,6	= 26,1%
Y	= 60 − 360/26,1	= 46,2%
Impuesto	= 37,0 × 0,462	= \$17,1 millones

Por ende, el flujo de caja de impuesto neto es:

		Equilibrio	*Óptimo* *Antes del impuesto* *(año 1)*	*Óptimo* *Después del impuesto* *(año 1)*
Corte de ley predicha	(g/ton)	3,3	4,5	4,0
Corte de ley real	(g/ton)	3,7	4,5	4,2
Ley predicha promedio	(g/ton)	5,77	6,82	6,36
Ley real promedio	(g/ton)	5,26	5,89	5,62
Tonelaje de mineral	(10^6)	11,6	7,4	9,0
Ingresos	(\$$10^6$)	133	148	142
Flujo de caja bruto	(\$$10^6$)	30,8	41,1	37,0
Flujo de caja neto	(\$$10^6$)	17,1	21,8	19,9
Vida útil de las reservas	(años)	6,63	5,83	6,02
PV antes del impuesto	(\$$10^6$)	148	155	153
PY después del impuesto	(\$$10^6$)	120	120	120

C' = \$19,9 millones

Resumen

Los valores presentes para los dos casos correspondientes a las políticas de corte óptimas no son simples de calcular debido a que implican cambiar las leyes de corte de un año al otro. Se han calculado usando el programa OGRE.

Es aparente que, en este caso, el valor presente después del impuesto es comparativamente insensible a la política de la ley de corte. Como consecuencia, los resultados dieron luces sobre la validez de la supuesta equivalencia entre las tasas de descuento de 14% antes del impuesto y de 7% después de él. Sin embargo, el estudio de caso se ha incluido debido a que es uno de los pocos ejemplos en los que se pueden calcular tanto las optimizaciones anteriores como posteriores al impuesto.

ESTUDIO DE CASO 6

Estudio de Prefactibilidad del cobre a rajo abierto

Este es un proyecto de pórfido cuprífero de baja ley, para el que la compañía tiene una licencia de explotación de cinco años. La licencia vencerá en seis meses, por lo que la compañía tiene que tomar decisiones acerca de su programa futuro. Por esta razón, ha solicitado la realización de un estudio de Prefactibilidad sobre la probable conveniencia económica de una operación basada en los depósitos, como han sido trazados ya.

Se han perforado cerca de 50 sondajes hasta ahora, con profundidades que van desde los 200 a los 500 metros. Las muestras indican que hay una estructura de tapón vertical dentro de la que se han identificado cuatro zonas geológicas. Hay un núcleo central de mayor ley que está rodeado por dos tubos irregulares de menor ley, y todo esto está empotrado en una matriz envolvente extensa y de baja ley. La mayoría de los 50 sondajes son inclinados, por lo que hay algo de información acerca de cómo las leyes varían, tanto horizontal como verticalmente. Se han compilado variogramas para cada zona y se han usado para estimar las curvas de tonelaje/ley en base a un tamaño de bloque de explotación mínimo de alrededor dc 10 × 10 × 10 metros (1000 metros cúbicos).

Se ha diseñado una primera mina de prueba, que funciona desde una base en el núcleo central y se expande hacia arriba a 45°, que es la estimación inicial de un ángulo de pendiente segura. La mina de prueba contiene cerca de 600 millones de toneladas de material. Dentro de este límite final, se han posicionado cinco capas intermedias que representan en desarrollo inmediato. Se definen seis incrementos de la mina para los que se han construido tablas de tonelaje de ley, al combinar las curvas para las zonas en las proporciones en las que ocurren en cada incremento. Este es un procedimiento muy aproximado, pero su resultado es una base satisfactoria para el análisis de corte preliminar y para las evaluaciones económicas.

Datos

Capacidades

	Minería	24 millones de toneladas/año	(M)
		(aumentada a 30 millones de toneladas/año después del año 18)	
Molino (Tratamiento)		12 millones de toneladas/año	(H)
		(aumentada a 18 millones de toneladas/año después del año 9)	
Fundición (Comercialización)		10.000 toneladas/año	(K)

Costos capitales

Para la expansión de la mina	$2 millones
Para la expansión del molino	$15 millones

Costos unitarios variables

Minería	$1,25/tonelada de material	(m)
Molino	$3,60/tonelada de mineral	(h)
	(que se reduce a $3,10/tonelada después del año 9)	
Fundición	$400/tonelada de Cu	(k)
Reclamación del acopio	$0,20/tonelada de material	(s)
Costos fijos	$6,0 millones/año	(f)
	(que aumenta a $7 0 millones después de año 9)	
Recuperación	90%	
Precio	$1.400 que sube a $1.900/tonelada Cu para el año 6 (p)	
Acopio	Material de rechazo por sobre 0,25% de Cu	

Los parámetros iniciales de capacidad son 12 millones de toneladas por año para el molino y el doble de esto para el equipamiento de la mina. El plan es tratar el concentrado en terreno y se ha incluido una fundición de una capacidad de 110.000 toneladas por año en las estimaciones capitales.El programa OGRE se ha aplicado con fines de evaluación y las primeras ejecuciones de él han revelado que las capacidades propuestas de la mina y del molino eran inapropiadas para mantener el suministro de la fundición durante las fases posteriores de la mina, cuando las leyes se hayan reducido. Por lo tanto, la capacidad del molino se ha aumentado en 50% después del segundo incremento de la mina (alrededor de 9 años) y la mina en 25%, después de cuatro incrementos (alrededor de 18 años).

El precio actual del cobre se considera como bajo, pero las estimaciones de los economistas dicen que se mantendrá bajo por varios años y que, luego, mejorará lentamente. La fecha más temprana en la que la mina podría abrir, según este proyecto, es en al menos cinco años, por lo que se supone, de forma conservadora, que mejorará lentamente de ahí en adelante.

El acopio se considera como un asunto importante, porque las bajas leyes que podrían posiblemente ser tratadas son políticamente inaceptables. Generalmente, se estima que la ley esencial está en 0,25% de Cu.

Evaluación básica

El Caso Base se ejecuta sin escalamiento, debido a que es política de la compañía suponer que la inflación afectará a los precios y a los costos, hasta un punto correspondiente. La producción proyectada y las estadísticas del flujo de caja se muestra en las Tablas CS6.1 y CS6.2. Solo se cita un grupo de cifras para cada incremento, porque varían muy poco entre año y año.

Durante los primeros cuatro años, el corte es determinado por el equilibrio entre el molino y la fundición, con la mina operando levemente por debajo de su capacidad. Durante los siguientes cuatro años, la postura es casi la misma, pero el molino es el limitante y tanto la mina como la fundición funcionan justo por debajo de su capacidad. Por los siguientes nueve años, debido a que la capacidad del molino es mucho mayor, la mina es la limitante; el corte es bajo para maximizar el tonelaje que va hacia el molino. Aún así, la producción del cobre cae muy por debajo de la capacidad de la fundición durante el incremento 4. Bajaría aún más en los incrementos 5 y 6, pero para el aumento en la capacidad de la mina, que lo compensa en cierta medida. No obstante, la fundición sigue usándose por debajo de su capacidad.

Las capacidades están realmente bien emparejadas durante los primeros 12 años de producción. Los últimos años se podrían mejorar con expansiones adicionales a la mina y al molino, pero el efecto sobre la economía no sería mayor porque los cambios están planeados para el futuro lejano.

Tabla CS6.1 Cifras anuales de producción de la mina

Incremento	*Período (años)*	*Capacidad limitante*	*Corte óptimo (%)*	*Tonelaje Minado (M)*	*Tonelaje de esteril (M)*	*Tonelaje a acopio (M)*	*Tonelaje a molino (M)*
1	1-4	Molino/mercado	0,53	22,2	5,2	5,0	12,0
2	5-8	Molino	0,52	23,5	6,0	5,5	12,1
3	9-12	Mina	0,23	24,0	6,4	-	17,6
4	13-17	Mina	0,23	24,0	7,2	-	16,8
5	18-21	Mina/molino	0,27	30,0	11,1	0,9	18,0
6	22-26	Mina/molino	0,30*	22,0*	11,2*	-	10,8*
	Tamaño del acopio			50 millones de toneladas, ley 0-34% de Cu			

* Cifras típicas para el período

Tabla CS6.2 Producción de cobre: Cifras anuales

Incremento	*Período (años)*	*Tonelaje en molino (M)*	*Tonelaje ex-mina (M)*	*Ley promedio (%)*	*Tonelaje ex-stock (M)*	*Ley promedio*	*Cobre (000 toneladas)*	*Flujo de caja ($ millones)*
1	1-4	12,0	12,0	1,02	-	-	109	33-71†
2	5-8	12,0	12,0	0,95	-	-	102	74,8
3	9-12	17,6	17,6	0,69	-	-	109	71,4
4	13-17	16,8	16,8	0,62	-	-	93	51,0
5	18-21	18,0	18,0	0,58	-	-	94	40,9
6	22-26	18,0	10,8*	0,53	7,2*	0,34*	74*	18,8*

Valor actualizado $365 millones

* Cifras típicas para el período

Aumento del flujo de caja debido a un aumento en los precios

Tabla CS6.3 Incremento 6 con acopios (Limitante Mina/Molino)

Año	*Ley de corte (%)*	*Tonelaje en el molino (M)*	*Tonelaje ex-mina (M)*	*Ley promedio (%)*	*Tonelaje ex-acopio (M)*	*Ley promedio*	*Cobre (000 toneladas)*	*Flujo de caja ($ millones)*
21	0,33	17,7	14,9	0,58	2,8	0,34	86	32,0
22	0,31	18,0	10,8	0,54	7,2	0,34	74	18,9
23	0,30	18,0	10,8	0,53	7,2	0,34	74	18,8
24	0,29	18,0	10,8	0,52	7,2	0,34	73	18,7
25	0,28	18,0	12,6	0,52	5,4	0,34	76	18,9
26	-	18,0	0,5	0,52	17,5	0,34	56	16,0
27	-	1,9	-	-	1,9	0,34	6	1,7

Valor actualizado comenzando en el año 21: $82 millones

Tabla CS6.4 Incremento 6 sin acopio (Limitante mina)

Año	*Ley de corte (%)*	*Tonelaje Minado (M)*	*Tonelaje en el molino (M)*	*Ley promedio (%)*	*Cobre (000 toneladas)*	*Flujo de caja ($ millones)*
21	0,27	18,3	10,9*	0,58*}	88	31,9
	0,23	11,7	7,0	0-49		
22	0,23	30,0	17,82	0-49	79	18,0
23	0,23	30,0	17,82	0-49	79	18,0
24	0,23	28,3	16,79	0-49	74	16,6

Valor actualizado comenzando el año 21: $63 millones

* Fin del increment 5

Como todas las estimaciones de capital están cerca de los $500 millones a los $700 millones, el proyecto no se ve prometedor. Los aumentos en la escala podrían mejorar, pero la administración no está entusiasmada con la idea de tener una mayor exposición financiera. Los estudios de sensibilidad muestran que solo un fortalecimiento sustancial del precio hará que el proyecto sea económicamente rentable, por lo que se toma la decisión de seguir con la prospección, pero solo a un nivel mínimo hasta el momento en que los pronósticos cambien.

Acopio

Es interesante examinar la política de acopio en mayor detalle. Con este fin, las cifras para cada uno de los años finales, más allá del año 20, se entregan en la Tabla CS6.3 y en la Tabla CS6.4. La Tabla CS6.3 incluye la recuperación del acopio, como en el Caso Base. La Tabla CS6.4 muestra los resultados como serían si no se tuviera el acopio.

La existencia del acopio extiende la vida útil en 2½ años y agrega $19 millones al valor presente al comienzo del año 21. Sin embargo, cuando se descuenta al comienzo de la operación, el comienzo del año 1, esta cifra se reduce a $1,2 millones. Desde esta perspectiva, el acopio es una política muy dudosa. Se tienen que preparar instalaciones especiales y el acopio, cerca de 50 millones de toneladas, se tiene que acumular durante los primeros años y, luego, se tienen que mantener separados hasta el año 20. El costo del valor presente de esto, debido a que mucho de este gasto se realiza al comienzo, casi de seguro excede $1,2 millones. Además, la recuperación se tiene que suponer como que es la misma que para el mineral virgen, 90%, incluso antes de los 20 años. Esta es una eventualidad muy poco probable. Sin embargo, otras consideraciones diferentes a la economía pueden también dictar la política.

Una comparación entre la Tabla CS6.3 y la Tabla CS6.4 revela que, sin el acopio, la producción se ve limitada por la capacidad de explotación durante el incremento 6. El efecto del material acopiado es utilizar la capacidad completa del molino e incluso reemplazar algo del mineral fresco de la mina, extendiendo de esta forma la vida útil de esta última. El aumento en el flujo de caja anual es pequeño, pero los años adicionales son responsables por la mayor parte del beneficio.

Para el año final, solo el material del acopio está disponible.

ESTUDIO DE CASO 7

Tajo abierto - uranio/cobre

Esta es una mina grande, a rajo abierto, que ha estado operando ya por varios años. La mineralización es compleja y la topografía es irregular. Por estas razones, la planificación a largo plazo es una función muy importante y los planes futuros de la mina se extienden a un horizonte de alrededor de 25 años.

Se han generado planes bastante detallados en nueve incrementos de entre 40 y 50 millones de toneladas cada uno, que en conjunto representen aproximadamente los diez siguientes años de la producción. Más allá de esto, los planes adicionales van en incrementos de aproximadamente 200 millones de toneladas a los límites de la mina final que contiene, según las estimaciones actuales, aproximadamente 1.000 millones de toneladas de material.

Es práctica normal revisar los planes estratégicos cada año y, con este fin, se ha adoptado un horizonte escalonado de diez años. Para las evaluaciones económicas, se pronostican desempeños e ingresos anuales detallados para cada uno de los diez años, pero el valor del resto de la vida útil de la operación es, luego, representado por una sola cifra residual que es, efectivamente, una valorización de las reservas restantes ($425 millones).

La idea de la revisión estratégica es confirmar el programa de desarrollo de la mina, establecer una política de ley de corte actual, fijar un presupuesto para el año siguiente y evaluar futuros esquemas de mejoras y expansiones.

El uranio se vende según los contratos, que imponen una entrega máxima de 3.400 toneladas por año. El límite puede elevarse a 4.000 toneladas por año en alrededor de cinco años, pero esto es incierto. Uno de los proyectos capitales que se está considerando es una expansión de 25% del molino.

Datos

Capacidades			
	Minería	40 millones de toneladas/año	(M)
	Tratamiento	20 millones de toneladas/año	(H)
	Comercialización (uranio)	3.400 toneladas/año	(K1)
Costos unitarios variables			
	Minería	\$1,20/tonelada	(m)
	Tratamiento	\$3,45/tonelada	(h)
	Comercialización (cobre)	\$46/tonelada	(k2)
Costos fijos		\$20 millones	(f)
Precios			
	Uranio (neto)	\$50,6/kg	(p1 - k1)
	Cobre	\$1.760/ton	(p2)
Recuperación			
	Uranio	85%	(y1)
	Cobre	87%	(y2)
Costo de capital		10%	(δ)

Valor presente residual \$425 millones

Los datos de la reserva de mineral consisten de nueve incrementos, donde cada uno de ellos es una tabla que contiene el tonelaje y las leyes promedio de uranio y de cobre en las categorías definidas por los intervalos de la ley del uranio y del cobre. Las entradas típicas son:

Intervalo de ley U3O8   0 100 – 0,125 kg/ton

Intervalos de Ley de Cobre (kg/ton)	*Toneladas (000)*	*U3O8 promedio (kg/ton)*	*Cu promedio (kg/ton)*
0,00-0,99	583	0,113	0,62
1,00-1,99	161	0,109	1,56
2,00-2,99	162	0,108	2,68
3,00-3,99	95	0,117	3,80
4,00-4,99	104	0,114	4,68

Las tablas completas no se incluyen porque las cifras individuales no son de interés para el contexto actual.

Política de corte

En la base de los mejores pronósticos disponibles para el costo, el desempeño y los datos de precios, se calcula una política de corte completa para los próximos diez años, aplicando el programa OGRE. Los resultados se resumen en la Tabla CS7.1. El valor presente es de $805 millones.

Como se puede ver, el molino es el componente limitante de la producción del sistema y está funcionando a plena capacidad cada año. En los primeros años, la mina también está a su capacidad plena, pero por los últimos cinco años, el equipo se está utilizando por debajo de ella. Las entregas máximas solo se han realizado en dos años. En los otros años, hay un pequeño déficit.

El coeficiente del valor neto del uranio y del cobre es:

$$50{,}6 : (1{,}76 - 0{,}46) = 39 : 1$$

Las intersecciones del corte óptimo están cerca de esta cifra, excepto pro las dos ocasiones donde se alcanzó el límite del mercado para el uranio; eso sí, es mucho menor.

Uno de los esquemas de mejora que se está considerando es una expansión del molino, de 20 millones de toneladas al año a 25 millones de toneladas por año. Se propone que la puesta en servicio ocurra en cuatro años, justo antes de la disponibilidad de la capacidad minera extra.

TABLA CS7.1. POLÍTICA DE CORTE COMPLETA A LAS CAPACIDADES ACTUALES

Período	*Capacidad limitante*	*Intersecciones de corte (kg/ton)*		*Coef.*	*Cantidades (M tons)*		*Producción (000 tons)*		*Flujo de caja*
		U_3O_8	*Cu*		*Minado*	*Tratado*	*U_3O_8*	*Cu*	*($ M)*
1	MHK_1	0,19	4,8	26:1	40	20	3,4	46	94
2	MH	0,19	6,7	34:1	40	20	3,1	59	98
3	MH	0,19	7,2	37:1	40	20	3,2	60	103
4	MH	0,17	5,9	34:1	40	20	3,1	58	94
5	MH	0,19	7,1	38:1	40	20	3,2	62	107
6	H	0,18	6,9	38:1	35	20	3,3	60	116
7	H	0,18	6,7	38:1	35	20	3,3	57	112
8	H	0,17	6,5	38:1	37	20	3,3	53	103
9	H	0,17	6,3	38:1	38	20	3,3	54	103
10	HK_1	0,16	4,3	26:1	33	20	3,4	54	114

Valor presente $805 millones

TABLA CS7.2. POLÍTICA DE CORTE COMPLETA: MOLINO EXPANDIDO

Período	*Capacidad limitante*	*Intersecciones de corte (kg/ton)*		*Coef.*	*Cantidades (M tons)*		*Producción (000 tons)*		*Flujo de caja*
		U_3O_8	*Cu*		*Minado*	*Tratado*	*U_3O_8*	*Cu*	*($ M)*
1	MHK_1	0,19	4,8	26:1	40	20	3,4	46	94
2	MH	0,19	6,7	34:1	40	20	3,1	59	98
3	MH	0,19	7,2	37:1	40	20	3,2	60	103
4	MH	0,17	5,9	34:1	40	20	3,1	58	94
5	K_1	0,18	3,0	17:1	37	23	3,4	66	111
6	K_1	0,17	3,0	17:1	32	24	3,4	66	119
7	K_1	0,16	3,0	19:1	30	23	3,4	62	117
8	K_1	0,15	3,0	20:1	32	23	3,4	54	106
9	K_1	0,15	3,0	21:1	34	23	3,4	54	102
10	K_1	0,14	3,0	21:1	33	22	3,4	53	107

Valor presente $826 millones

TABLA CS7.3. POLÍTICA DE CORTE COMPLETA: MOLINO EXPANDIDO CON CRECIMIENTO DE MERCADO

Período	*Capacidad limitante*	*Intersecciones de corte (kg/ton)*		*Coef.*	*Cantidades (M tons)*		*Producción (000 tons)*		*Flujo de caja*
		U_3O_8	*Cu*		*Minado*	*Tratado*	*U_3O_8*	*Cu*	*($ M)*
1	MHK_1	0,19	4,8	26:1	40	20	3,1	46	94
2	MH	0,19	6,7	34:1	40	20	3,1	59	98
3	MH	0,19	7,2	37:1	40	20	3,2	60	103
4	MH	0,17	5,9	34:1	40	20	3,1	58	94
5	MH	0,16	5,0	32:1	40	24	3,6	69	121
6	HK_1	0,17	5,7	33:1	38	25	3,9	73	141
7	MHK_1	0,16	5,5	34:1	39	25	4,0	66	135
8	MH	0,13	6,8	54:1	40	25	3,9	60	122
9	MH	0,12	6,8	54:1	38	25	3,9	60	124
10(parc.)	HK_1	0,12	3,6	31:1	32	22	3,5	54	118

Valor presente $854 millones

El efecto sobre la política de corte se muestra en la Tabla CS7.2. Curiosamente, la capacidad de explotación extra no se usa. Por el contrario, debido a la limitación del mercado, una mejor táctica es, evidentemente, reducir las leyes de corte. Esto deja aún más capacidad de explotación extra y no se llena el molino, tampoco.

El valor presente mejora en $21 millones a $826 millones. La implicación es que vale la pena realizar la expansión del molino, si es que se puede lograr a un costo, en términos del valor presente, de menos de $21 millones. Las estimaciones preliminares indican que el costo debería ser sustancialmente menor a esto.

Otra consideración es la posibilidad de que haya un crecimiento del mercado; se piensa que es probable que haya un aumento a 4.000 toneladas de U_3O_8 por año en los próximos cuatro años. En estas circunstancias, las cifras proyectadas y las leyes de corte revisadas serían las que se muestran en la Tabla CS7.3. La mina, el molino y el mercado están más o menos equilibrados desde el año cinco en adelante y el valor presente mejora a $854 millones.

Sin la expansión del molino, ninguno de los beneficios del crecimiento del mercado se podría concretar. La limitación actual del molino no permite aumentos en el resultado. La cuestión de la expansión es, por lo tanto, probablemente sobrecogedora, pero en la práctica, por supuesto tendría que ser objeto de análisis para demostrar el rango de condiciones bajo las que el esquema sigue siendo rentable.

Bibliografía

Akin H (1983). Determination of recoverable reserves above the cut off by means of the disjunctive kriging method. *Gluckauf – Forshungsh.* Vol. 44 No 4 Agosto de 1983, p180-184.

Backwell MR L (1971). Some aspects of the evaluation and planning of the Bougainville copper project in decision making in the Mineral Industry. *CIM Special* Vol. 12, p261-269.

Barnes M (1980). Computer-assisted mineral appraisal and feasibility. New York, *AIME*.

Carlisle D (1954). Economic aspects of the definition of ore. *Trans Inst Min Metall* Vol 64, p89-99, 1954-1955.

Casido C Q (1985). Optimisation of the Amacan open pit. *Asian Mining 1985*, Manila. Febrero de 1985, IMM 1985, p239-249.

Dagbert M. Cut-off grades: statistical estimation and reality *CIM Bulletin*, Febrero de 1987 Vol 80 No 898, p73-76.

Dowd P (1976). Application of dynamic and stochastic programming to optimise cut off grades and production rates. *Trans Inst Min Metall.* Section A, Enero de 1976 Vol 85, pA22-31.

Elbrond J and Dowd P (1975). The sequence of decisions on cut-off grades and rate of production. 13th *APCOM Symposium*, pSll-13.

Elbrond J et al (1977). Rate of production and cut-off grade. A program system for teaching experimentation. 15th *APCOM Symposium*, p13-19.

Hotelling H (1931). The economics of exhaustible reserves. *Journal*

of Political Economy 39(2), p137-175.

Halls J L, Bellum D P and Lewis C K (1969). Determination of optimum ore reserves and plant size by incremental financial analysis. *Trans Inst Min Metall* Section A 1969 Vol 78, pA20-A30.

Henning ULF (1963). Calculation of cut-off grade. *Can Min Journal* Vol 84(3), p54-57.

Holt W (1961). Some aspects of open pit mining. *Mine and Quarry Engineering* 27 de septiembre de 1961, p392-399.

John H T (1984). Cut-off grade calculation for an open-pit mine. *CIMM* Annual General Meeting, Ottawa, 16-18 de abril de 1984.

Lane K Fetal (1984). Cut-off grade for two minerals. 18th *APCOM Symposium*, p485-492.

Lane K F (1979). Commercial aspects of choosing cut-off grades. 16th *APCOM Symposium*, p280-285.

Lane K F (1964). Choosing the optimum cut-off grade. *Colorado School of Mines Quarterly* Vol 59 No 4, p811-829.

Mathieson, GA. Open pit sequencing and scheduling. Presented at *SME-AIME* full meeting Honolulu, Hawaii, 4-9 de septiembre de 1982.

Napier JAL (1983). The effect of cost and price fluctuations on the optimum choice of mine cut-off grades. *Jnl of S Africa IMM.* Junio de 1983, p117-125.

Nils Erin Noren (1971). Mine development-some decision problems and optimization models. *CIM* Special Vol 12, p240-245.

Nilsson D (1982). Optimum cut-off grades in underground mining. *Can Min Journal* Vol 103, p65-70.

Nilsson D and Bengtaaro (1985). Cut-off grade optimisation – a question of bottlenecks and ore reserves. *Inter Min*, Julio de 85, p28-33.

Omer Mol (1984). Cut-off grade determination for mines producing direct shipping ore. *Proc Aust Inst Min Metall* No 289, Noviembre y Diciembre, p283-287.

Parker H (1979). The volume-variance relationship: a useful tool for mine planning. *EMJ* Vol 180 No 10 de octubre de 1979, p106-123.

Pasieka A R and Sotirow G V (1985). Planning and operational cut-off grades based on computerised net present value and net cash flow. *CIM Bull* Vol 78 No 878 Junio de 1985, p47-54.

Plewman R P (1970). The basic economics of open pit mining. *Planning Open Pit Mines*. Johannesburg 1970. Pre-prints 1-8.

Ramos, H C (1977). Impact of grade management on project economics. Symposium Factors affecting mine feasibility studies. School of Mining Engineering, University of New South Wales.

Rudenno V. Determination of optimum cut-off grades. Proceedings of 16th Apcom. *Am Inst of Min Engs*, p261-268.

Schaap W (1981). Effects of mineral grain size and ore hardness on mill-dump cut off grades. *Trans Inst Min Metall*. Section A Vol 90, pA27-33.

Schaap W (1981). A theory of compound decisions on mill-dump cut-off grades. *Geol Mijnbouw*, Junio de 1981, Vol 60 No 2, p237-245.

Schaap W (1983). Cut-off grade theory as a tool for open pit planning. *Erzmetall*. Mayo de 1983, Vol 36 No 5, p233-244.

Schaap W (1984). Objective function and methodology in cut-off grade theory. 18th *APCOM, Symposium*, p493-502.

Soderberg A (1959). Elements of long range open pit planning. Min Congr J, Abril de 1959, Vol 45, p54-57 and 62. (*Canada Min Man* 1959, 33, 35, 37, 39, 41).

Taylor H K (1972). General background theory of cut-off grade. *Trans Inst Min Metall*, Section A, Julio de 1972, Vol 81, p160-179.

Taylor HK (1985). Cut-off grades - some further reflections. *Trans Inst Min Metall*. Section A Vol 96, Octubre, pA204-A216.

Thomas E G (1976). Justification of the concept of high-grading metalliferous ore bodies. *Min Mag*, Mayo de 1976, Vol 134 No 5, p393-397.

Thomas E G (1977). Justification of high-grading at the feasibility study stage. Symposium Factors affecting mine feasibility studies. School of Mining Engineering. University of New South Wales.

Vickers EL (1961). Marginal analysis- its application in determining cut-off grade. *Mining Eng* 13(6), p578-582.

Watson W B (1962). Flexibility in mine production. *Min and Chem Enging Rev* Mayo de 1962, Vol 54, p53-55.

Wells H M (1978). Optimisation of mining engineering design in mineral valuation. *Mining Engineering* Diciembre de 1978, Vol 30 No 12, p1676-1684.

www.ingramcontent.com/pod-product-compliance
Lightning Source LLC
LaVergne TN
LVHW021224061026
849535LV00008B/2900